传统聚落测绘

余压芳　赵玉奇　王希　张桦　王思成　编著

中国建筑工业出版社

图书在版编目（CIP）数据

传统聚落测绘 / 余压芳等编著. -- 北京：中国建
筑工业出版社，2025.5. -- ISBN 978-7-112-31026-5

Ⅰ. TU241.5

中国国家版本馆CIP数据核字第2025RZ5629号

本书附赠配套课件，如有需求，请发送邮件至 Cabpdesignbook@163.com 获取，
并注明所要文件的书名。

责任编辑：唐旭　吴人杰
责任校对：张颖

传统聚落测绘

余压芳　赵玉奇　王希　张桦　王思成　编著

*

中国建筑工业出版社出版、发行（北京海淀三里河路9号）
各地新华书店、建筑书店经销
北京雅盈中佳图文设计公司制版
北京中科印刷有限公司印刷

*

开本：787 毫米 × 1092 毫米　1/16　印张：11¼　字数：221 千字
2025 年 3 月第一版　2025 年 3 月第一次印刷
定价：**49.00** 元（赠教师课件）
ISBN 978-7-112-31026-5
　　（44757）

前　言

　　传统聚落历史遗存丰富，文化积淀丰厚，是优秀中华传统文化的重要发源地和传承地。但由于其受关注较晚，传统聚落科学研究、数字化保护、空间规划、乡村振兴战略实施等保护发展工作面临两大基础性难题：首先是聚落底图欠缺，影响保护发展工作的系统开展。由于多数传统聚落地理位置偏远、交通不便，既有传统聚落基础测绘资料较为欠缺，充实和补足测绘基础资料需求迫切。其次是测绘供给与需求不匹配，导致测绘产品不规范、不好用的问题。随着传统聚落的价值凸显，传统聚落保护发展工作日益引起全社会重视，传统聚落测绘工作多路并进，三维激光扫描测量技术、无人机低空倾斜摄影测量技术等快速涌现并日趋成熟，新型基础测绘手段快速迭代。在这种情况下，由于缺少系统成熟的传统聚落测绘解决方案，测绘者事先对传统聚落价值、测绘成果应用场景不清楚，产品使用需求和技术供给产生错位，导致多数测绘团队在测绘要素、测绘深度、技术选择、质量控制、经济成本、操作易用等方面目标不清晰、任务难统筹、供需不匹配，遇到传统聚落有效保护传承的技术瓶颈。

　　本教材将传统测绘技术和新型测绘技术融合贯通，提出传统聚落轻量化测绘技术方案和操作指南，重点理顺传统聚落测绘中要素不清楚、供需不匹配、知识技术不系统、实践操作不熟练的问题，阐明传统村落测绘的基本理论和技术方法，为传统聚落保护发展提供系统测绘解决方案，帮助学生系统理解和掌握传统聚落测绘本质需求、新型基础测绘知识、测绘技术方案选择与具体操作方法。教材内容主要包括六个方面：

　　一是了解传统聚落概念，熟悉测绘对象特征。建立传统聚落基本认知框架，了解传统聚落价值、特征和构成要素，熟悉传统聚落测绘具体对象，为系统开展测绘工作打下传统聚落理论基础。

　　二是了解典型应用场景，理解测绘产品作用。了解传统聚落保护传承发展中常见的、典型的应用场景，从内涵需求层面理解传统聚落测绘目标和任务。

　　三是学习测量学基本知识，掌握适用新型测绘技术。掌握传统聚落测绘中用到的测量学基本概念和基本方法，熟悉新型基础测绘技术方法，掌握当下传统聚落不同要素对象的适用测绘技术。

四是学习相关测绘规范，掌握测绘基本依据。系统了解近景摄影、低空倾斜摄影、古建筑测绘等相关技术规范，掌握传统聚落具体测绘实践的基本依据。

五是学习传统聚落数字化保护知识，理解传统聚落数字化方向和要求。

六是掌握测绘操作流程，开展传统聚落测绘实践。掌握传统聚落测绘操作流程、操作技巧、成果要求，参照相关操作指南文件，可独立或合作开展传统聚落测绘任务。

本教材适合高等学校城乡规划专业传统聚落测绘课程使用，可供建筑学、风景园林等相关专业在校师生学习使用，同时也可在传统聚落空间规划、数字化信息采集中作为轻量化测绘工具书和数字化基础测绘参考用书。由于编者自身水平有限，理解难免偏颇，书中如有不当之处欢迎批评指正。

目　录

第 1 章
导　论

【教学目的】本章为全书导论，通过本章学习建立传统聚落测绘有关的初步概念，了解传统聚落测绘的目的和意义，激发学习兴趣。

1.1 传统聚落的概念

聚落在《辞海》中解释为人聚居的地方以及村落，传统聚落一般指经过一定时间积累形成的有丰富历史底蕴和特点的村落。为利于阐释传统聚落价值认知和实施测绘操作，从文化景观的角度，可以将传统聚落定义为地域物质和非物质文化遗产丰富、传统风貌特色突出的人类聚居地，从空间分布上，可以分为传统城市聚落和传统乡村聚落。

传统聚落多数延续着较为传统的生产、生活方式，是中华优秀传统文化的重要发源地和传承地。经过多年申报和认定，许多传统聚落被列入历史文化名城、历史文化名镇、历史文化名村、中国传统村落、中国少数民族特色村寨等国家级、省级保护发展名录，这些聚落数量多、特色浓，保护与发展的诉求强烈，其测绘的需求也较大。

相对于城市传统聚落而言，乡村传统聚落由于其发展变化较为缓慢，那些生活方式、营建手段、空间形态等沿袭着"传统"模式的乡村聚落，在很大程度上保留着农耕文化的特质，历史延续至今的形态较为稳定，反映着传统的社会关系、生活生产方式①。

因此，本书所关注的传统聚落主要是具有乡村乡土特征的传统乡村聚落。从学术研究重心及社会关注程度来看，传统乡村聚落主要有历史文化名村、中国传统村落、中国少数民族特色村寨等类型，这类传统聚落历史上受关注不够，基础资料欠缺，亟须开展基础测绘及数字化工作。

---

① 杜佳.贵州喀斯特山区民族传统乡村聚落形态研究 [D].杭州：浙江大学，2017.

1.2 传统聚落测绘的背景

1.2.1 传统聚落面临保护与发展的双重挑战

过去传统聚落，特别是传统乡村聚落"养在深闺人未识"，具有缓慢发展、自然演变的社会特征。随着文明演进和时代变迁，传统聚落逐渐成为社会网络、经济网络、文化网络、生态网络，以及交通网络、信息网络上的重要节点，表现出三种特点：

（1）传统聚落独具魅力，精彩夺目，其保护利用价值日益凸显，社会关注度也快速提高；

（2）随着社会关注度提高以及国家文化强国战略的深入推进，带动资本、技术、人才纷纷向传统聚落区域汇聚，传统聚落保护发展参与主体日益多元化，原始的自然演变模式也随之被打破；

（3）现代文明的发展带来传统聚落内外交流的加剧，聚落内居民对现代生活需求愈发强烈，现代生活方式、建造材料、建造技术也逐渐进入传统聚落。然而在缺乏有效控制引导的情况下，对传统聚落价值和风貌保护造成较大冲击。许多传统聚落的物质遗存和非物质文化逐渐消损，传统聚落保护发展成为新时代文化强国建设中亟待解决的难题。

1.2.2 传统聚落测绘资料匮乏与需求紧迫

传统聚落，特别是传统乡村聚落，由于体量小、发展动力弱，历史上社会关注度不高，传统乡村聚落普遍缺少有用、适用的测绘资料。当前传统聚落测绘面临两个问题，一是根本没有进行过测绘，二是测绘局限于传统手段，或测绘成果形式单一，难以满足保护与发展工作的使用需求。因此，做好传统聚落测绘工作既有必要性又有紧迫性，任重而道远。

1.3 传统聚落测绘的定义

传统聚落测绘是为了实现对物质文化遗产与非物质文化遗产记录、科研、保护、传承、利用等单一或多种应用目的，在历史文化名城名镇名村、历史文化街区、传统村落等历史遗存较多的传统聚落开展的，旨在测量城镇、街区、村庄、建（构）筑物、历史环境要素和非物质文化遗产相关的文化空间（场所）的各种测绘行为的总称。

（1）测绘对象是传统聚落。主要类型为历史文化名城名镇名村、历史文化街区、传统村落等。

（2）测绘要素分为物质和非物质文化遗产。其中物质文化遗产主要测量城镇、街区、村庄、建（构）筑物、历史环境要素等，非物质文化遗产主要测绘与之相关的文化空间（场所）。

（3）测绘目的以应用为导向。传统聚落测绘成果的应用场景决定了测绘行为本身，也引导了测绘成果呈现内容。在当今测量仪器、测绘技术飞速发展、快速迭代的情况下，测绘需求引导测绘供给，测绘之前应当了解测绘成果的各种应用场景。

1.4 传统聚落测绘的目的

开展传统聚落测绘是为了通过系统性建档、多维度记录、集中式呈现等，更好地满足和促进传统聚落的记录、科研、保护、传承、利用等。其目的主要有四个方面：

（1）为系统性建立基础档案，提供单时段精准测绘数据。这是当前传统聚落测绘欠缺较多的情况下，快速开展测绘任务的基本需求，具备快速测绘、迅速建档的基础性测绘现实意义。

（2）为多维度记录变迁过程，提供跨时段比对测绘数据。在一些特定需求下，如传统建筑需要修缮、聚落发展演变需要检测等，传统聚落测绘构成要素应相对稳定，能够提供历时性的回顾、比对、监测、预警等，提供跨时段数据分析支持的数据建构意义。

（3）为更好地满足应用需求，提供匹配性适用样本大数据。在测绘手段、技术方法快速升级迭代、测绘数据海量增长的情境下，实现与时俱进、测以致用，详略得当，实现与应用场景匹配的、适量好用的样本大数据成果，实现有选择的大样本数据库支持。提供匹配性适用样本大数据，这是传统聚落测绘区别于其他测绘的根本需求。

（4）为集中式呈现文化魅力，提供数字化模拟基础数据。传统聚落是一个生命体，一方面它会遵循自然规律进行演变，可能会衰老，甚至是消失；另一方面传统聚落保护发展不是固守历史，一成不变，而是需要与时俱进，使其能够享受现代文明发展的成果。这种态势下需要面向未来，积极探索各种保护发展手段的可能性。

本书主张记录传统聚落立体信息和生命过程，为数字博物馆、数字孪生、智慧城镇或乡村，甚至传统聚落元宇宙等提供拓展支持，这就需要通过现代基础测绘以及属性信息的多重记录，让基础测绘产品变得立体，为传统聚落保护和传承利用的数字化转型提供基础性测绘支持。

1.5 传统聚落测绘的意义

1.5.1 传统聚落测绘是对传统聚落历史文化的保护与传承

传统聚落作为历史文化遗产的重要组成部分，具有独特的历史、文化和建筑价值。通过测绘传统聚落的空间布局、建筑结构和环境特征，可以有效记录、保护和传承这些文化遗产，使其得以保存并用于研究。传统聚落测绘可以为其提供详细的地理数据和图像资料，为后续的文物保护、修复和展示提供依据。并且，通过传统聚落测绘，还可以挖掘并保护濒临消失的传统建筑技艺和工艺品等，促进传统文化的多样性传承。

1.5.2 传统聚落测绘是实施规划和管理的依据和参考

传统聚落是历史先民们的聚居场所，传统聚落的空间布局、交通网络和建筑构造等都经过长期的演化和优化，经历过历史的考验与洗礼。通过测绘传统聚落，可以帮助规划师和建筑师深入了解传统聚落的特点和特色，从而在城市扩张和发展过程中更好地保留和融入传统聚落的元素，同时，测绘成果可揭示传统聚落及其建筑的空间结构和功能分布，为当代城乡规划、土地利用和建筑设计提供重要参考。此外，测绘成果还可以为传统聚落的保护、改造和管理提供科学依据，助力决策者制定合理保护改造政策和措施。

1.5.3 传统聚落测绘是实现数字化保护的前提和保障

随着测绘技术的不断进步和更新，传统聚落的数字化保护工作也在不断发展和完善。测绘技术的应用推动了数字化保护技术的创新和发展，为传统聚落的保护提供了更多的可能性和手段。数字化技术能够将传统聚落的历史建筑、文化景观、民俗风情等文化遗产以数字形式永久保存，避免了因自然灾害、人为破坏或时间流逝而导致的文化遗产损失。测绘技术能够精确获取传统聚落的地貌轮廓、地块分布、建筑布局等基础信息。这些信息是数字化保护工作的基石，为后续的三维建模、空间分析等工作提供了可靠的数据支持。通过三维建模等手段，可以精确还原传统聚落的空间形态和建筑风貌，这种可视化的表达方式有助于我们更直观地了解传统聚落的特征和价值。

1.5.4 传统聚落测绘是实现可持续发展的基础和支撑

通过测绘传统聚落，可以了解传统聚落中与自然环境和地域特色相适应的建筑形式和生活方式、环境之间的关系，挖掘和传承传统建筑技艺和生活智慧，帮助设计师和建筑师借鉴传统聚落的经验和智慧，设计出更环保、节能和可持续的建筑和社区。而且，随着现代生活方式、社会观念的转变，传统聚落的保护和利用也可以促进文化旅游和乡村振兴，带动当地经济发展，增加居民的收入和就业机会，提高生活质量和可持续发展能力。

1.6 传统聚落测绘与一般性工程测绘的异同

测绘学是研究地球上各种地理空间分布有关的几何、物理和人文信息的采集、测量、处理、管理、更新和利用的科学与技术。传统聚落测绘从技术上可归入测绘学科分支中的工程测量。但由于传统聚落这一测绘对象的特殊性，使它不同于一般的工程测量。

（1）测绘对象特性不同

一般的工程测量对象特性简单，空间几何、物理属性是其主要特性；而传统聚落测绘对象——传统聚落，除上述基本特性外，更加珍贵的是其文化遗产属性。传统聚落拥有较多的物质和非物质文化遗产，是传统生活、传统文化的空间容器和载体。

（2）测绘应用场景和需求不同

一般的工程测量目的明确，用途清晰；而传统聚落具有传统特色的要素类型多样，测绘应用需求多样，可能用于记录、科学研究、数字化建模、建筑修缮、人居环境改善或某个专项（如屋顶）修复等。不同的应用需求测绘的重点不同，传统聚落测绘应在充分理解测绘需求和意图的基础上，有的放矢地开展。

（3）测绘需要记录的要素不同

一般工程测量重在以物理空间信息为主，属性信息为辅。传统聚落测绘是两者并重，一方面需要测量物理空间信息，另一方面也需要尽量全面记录聚落生产生活相关属性信息，如房屋权属及房主信息、文化空间，以及戏曲、节庆等非物质文化表现形式，甚至要收集所在地国土空间信息，如生态保护红线、农田耕地等。

1.7 传统聚落测绘的发展动态

1.7.1 传统聚落测绘的发展历程

（1）古代至近代：测绘技术的初步探索历程

传统聚落测绘的发展历程可以追溯到古代文明时期，在那个时候，人们开始意识到测量和绘制聚落的重要性，以便更好地规划和管理城市。然而，由于技术和工具的限制，传统聚落测绘的方法相对简单且耗时较长。随着时间的推移，测绘技术得到了改进和创新，从传统的手工测绘发展到使用仪器和设备进行测量。

（2）现代：测绘技术进入新篇章

地理信息系统（GIS）和遥感技术的引入，进一步提高了传统聚落测绘的精确度和效率。现代技术的发展使得我们能够更好地了解和保护传统聚落的文化遗产，为城乡规划和发展提供了更可靠的数据和信息。传统聚落测绘的发展历程不仅反映了人类社会的进步，也彰显出对传统文化的尊重和保护的重要性。

1.7.2 现代测绘新型适用技术

（1）无人机低空摄影测量技术

无人机低空摄影测量技术旨在获取高分辨率的数字影像，它采用无人驾驶飞机作为飞行载体，搭载高分辨率数码相机作为信息捕获传感器，并通过整合3S技术（遥感技术RS、地理信息系统GIS、全球定位系统GPS）于系统中，从而精确获取小范围区域、高保真色彩、大比例尺且时效性强的航空遥感数据。其主要应用于水利水电工程、城市建设与规划、自然资源管理、灾害应急响应及文化遗产保护等领域。

（2）实时动态测量技术（RTK）

实时动态测量技术基于载波相位观测值的高精度差分定位技术，融合了全球卫星导航定位技术与数据通信技术，通过实时测量载波相位差异，能够在指定坐标系下即时提供测站点的精确三维定位信息，精度可达到厘米级。其主要应用于地质勘探与环境检测、建筑工程、土地测绘、工程测量等领域中。

（3）近景摄影测量技术

通过摄影手段以确定目标物体的外形、尺寸、运动状态等信息的测量方法适合于动态物体外形和运动形状测定，能瞬间获取被测物体大量物理信息和几何信息，多用于小范围高精度的测量及动态目标的快速测量，其主要应用于地形、古文物建筑、工业等领域测绘。

（4）三维激光扫描技术

通过高速激光扫描测量的方法，能够大面积、高分辨率地快速获取被测对象表面的三维坐标数据，它能够将各种大型、复杂、不规则的实体或实景的三维数据完整采集到电脑中，并快速复建出被测目标的三维模型及线、面、体等各种图件数据。其主要应用于文物保护与修复、工作制造与检测、地质勘探与工程检测等领域。

1.7.3 传统聚落轻量化测绘

传统聚落轻量化测绘是指以应用需求为导向，以当下新型测绘技术为支撑，综合考虑传统聚落测绘产品的操作易用性、成果可靠性、经济可行性，所采取的具有轻量化、适用性特征的系统性测绘方案。传统聚落轻量化测绘主要强调三个方面：

（1）轻量化测绘的必要性

针对保护不到位的地区大量传统聚落基础测绘资料欠缺严重、数量加速消减、魅力日益下降的现实情况，从抢救濒危、支持科研、加快监测、辅助决策等角度来看，需要一套经济、适用、易用的测绘技术方案，工况高适应性和内外作业轻量化成为测绘解决方案的必要因素。

（2）轻量化测绘的系统性

针对传统聚落测绘特点提出采用系统性解决方案是必要的。传统聚落物质与非物质文化遗产构成要素差异大，测绘目的、需求、手段不同，必须实行差异化对待、系统性统筹来加以解决，轻量化不是减内容，而是在达到同等测绘精度要求的情况下优选适用轻量化解决方案。这些方案优化组合形成传统聚落轻量化测绘的系统性解决方案。

（3）轻量化测绘概念的定制性和动态性

针对不同应用需求，其最佳匹配的适用技术不同。传统聚落轻量化测绘应当针对需求而定，并应随着测量仪器和测绘技术的发展进行与时俱进的调整。

【课后习题】

1. 传统聚落测绘的目的是什么？

2. 传统聚落测绘的意义是什么？

3. 传统聚落测绘与一般性工程测绘有哪些不同之处？

4. 什么是传统聚落轻量化测绘？

第 2 章
传统聚落概述

【教学目的】本章主要通过了解传统聚落相关概念，建立传统聚落基本认知框架，进一步学习有关传统聚落的国家政策背景，了解传统聚落特征要素和发展过程中存在的问题，并从文化遗产角度认知传统聚落的价值内涵。

2.1　传统聚落相关概念

2.1.1　聚落

据古文献记载，聚落是指村落或一定人群聚居的场所。《史记·五帝本纪》有"一年而所居成聚，二年成邑，三年成都"。其中注释中称："聚，谓村落也"。汉代班固《汉书·沟洫志》曰："时至而去，则填淤肥美，民耕田之。或久无害，稍筑室宅，遂成聚落"。聚落不仅仅是一种空间范围，更是社会活动、社会组织结构、社会关系、一定地域内人们共同生活方式的产物，也是人地关系的集中体现。在时间的推移下，聚落的概念不断发展，其含义在不同语境下有所差异，具体可归纳为以下三种：

（1）聚落是人类聚居的规模空间单元，包括乡村、城市聚落；

（2）聚落是人类集体聚居或聚居状态的动态演化过程；

（3）聚落是由人工环境、物质空间、社会文化等形成的综合有机体。

2.1.2　传统聚落

"传统"是在历史动态过程中传承延续的事物，具有历史性、传承性、地域性的基本特征。因此，传统聚落是指经过一定历史时期，传承和延续物质空间、历史文脉、地域特色等具有"传统"特性的聚落，是一定时期区域内，人们适应、选择环境所形成的具有独特历史特征的聚居系统。传统聚落是地域发展、历史演化、乡土文明传承的空间载体和重要见证，传递着原真性的时空信息。同时，传统聚落也是一个多层次、多要素构成的复杂系统。

2.1.3　历史文化名城名镇名村

（1）定义及价值

中国历史文化名城名镇名村，是由建设部和国家文物局共同组织评选的，保存文物特别丰富，且具有重大历史价值或纪念意义的，能较完整地反映一些历史时期传统风貌和地方民族特色的城、镇和村[1]。历史文化名城名镇名村、街区及历史建筑是珍贵的文化遗产，是实现城乡高质量发展、"留住乡愁"的重要载体，对增强文化自信、弘扬优秀传统文化以及构建富于内涵的城乡景观风貌均具有战略性意义[2]。

（2）政策指导与实施情况

《中华人民共和国文物保护法》第二十五条规定："保存文物特别丰富并且具有重大历史价值或者革命纪念意义的城镇、街道、村庄，由省、自治区、直辖市人民政府核定公布为历史文化街区、村镇，并报国务院备案。"该条文明确提出了区别于自然村镇属性的"历史文化村镇"概念，并以法律条文确定了其在我国文化遗产保护体系中的地位[3]。

1982年，国务院公布了首批国家历史文化名城。2003年，建设部发布《中国历史文化名镇（村）评选办法》（建村〔2003〕199号），随后产生我国第一批历史文化、名镇、名村名单。2008年，国务院第524号令公布《历史文化名城名镇名村保护条例》，规定"历史文化名城、名镇、名村的申报、批准、规划、保护适用本条例"，标志着监督保护工作进一步规范化和制度化。

《历史文化名城名镇名村保护条例》第七条明确指出申报历史文化名城、名镇、名村的四项条件，包括①保存文物特别丰富；②历史建筑集中成片；③保留着传统格局和历史风貌；④历史上曾经作为政治、经济、文化、交通中心或者军事要地，或者发生过重要历史事件，或者其传统产业、历史上建设的重大工程对本地区的发展产生过重要影响，或者能够集中反映本地区建筑的文化特色、民族特色。申报历史文化名城的，在所申报的历史文化名城范围内还应当有2个以上的历史文化街区。

截至2023年9月，国家已公布142座中国历史文化名城，312个中国历史文化名镇、487个中国历史文化名村。全面掌握我国历史文化名城名镇名村及街区的资源现状是一项对行业发展具有重要意义的基础性工作。近年来，党中央、国务院对名城名镇名村保护工作高度重视，社会公众与舆论对保护工作的关注度也逐步提升，保护管理的技术性需求与历史文化资源的展示性需求与日俱增。

---

① 中华人民共和国国务院.历史文化名城名镇名村保护条例[Z].2008-04-02.
② 杨开，李陶.基于国家历史文化名城名镇名村的保护信息系统构建研究[J].城市发展研究，2021，28（07）：133-140.
③ 周璟璟.传统聚落文化感知及其文化空间规划应用研究[D].杭州：浙江大学，2022.

2.1.4 传统村落

（1）定义、价值与现状

2012年9月，经传统村落保护和发展专家委员会决议，将"古村落"更名为"传统村落"，代指形成历史悠久，传统资源丰富，并在历史、文化、科学、艺术、社会、经济等方面具有一定价值的村落。传统村落是中国农耕文明历史进程中具有代表性的缩影，其兼有物质文化遗产与非物质文化遗产特性，是长久以来在生产生活中动态演变并活态传承的独特整体，具有十分突出的价值意义[①]。随着2023年3月第六批中国传统村落名录的公示，全国已有中国传统村落8155个。

（2）政策指导与实施情况

2012年12月，住房和城乡建设部、文化部、财政部联合发出《关于加强传统村落保护发展工作的指导意见》。2014年4月，住房和城乡建设部、文化部、国家文物局、财政部联合发出《关于切实加强中国传统村落保护的指导意见》，提出了加强传统村落保护的指导思想、基本原则、主要目标、主要任务、基本要求和保护措施[②]。

2.1.5 少数民族特色村寨

（1）定义、价值与现状

少数民族特色村寨是指少数民族相对聚居，且人口比例较高，民族文化特征极为明显的乡村聚落。民族村寨是中国农耕文明的重要载体，是传承与弘扬民族文化的重要场域。一般来说，这些聚落的生产生活功能较为完备，保存文物、建筑和遗迹、遗址特别丰富，曾发生过重要历史事件，或其传统产业、历史上建设的重大工程对本地区的发展产生过重要影响，或者能够集中反映本地区的文化特色、民族特色的村寨。更进一步来说，即少数民族特色村寨涵盖了我国民族地区社会实践、知识、技能以及相关的工具、实物、手工艺品和文化场所，是民族智慧的结晶，是中华文明的瑰宝。在当下社会急剧变革、城镇化快速发展和经济全球化日益加深的背景下，民族村寨正在遭遇前所未有的生存危机。"十四五"规划明确提出"保护传统村落、民族村寨和乡村风貌"，表明新时期国家对民族村寨保护和发展的高度重视，同时也反映出民族村寨保护与发展正面临着诸多问题[③]。

---

① 余压芳，庞梦来，张桦. 我国传统村落文化空间研究综述 [J]. 贵州民族研究，2019，40（12）：74–78.

② 刘志宏. 中国传统村落世界文化遗产价值评估研究 [J]. 西南民族大学学报（人文社会科学版），2021，42（11）：52–58.

③ 唐明贵，胡静，肖璐，等. 贵州少数民族特色村寨时空演化及影响因素 [J]. 干旱区资源与环境，2022，36（04）：177–183.

（2）政策指导与实施情况

2009 年 9 月，国家民委办公厅、财政部办公厅联合下发了《关于做好少数民族特色村寨保护与发展试点工作的指导意见》，决定从 2009 年起，在全国开展少数民族特色村寨保护与发展试点工作。2012 年 12 月，国家民委印发了《少数民族特色村寨保护与发展规划纲要（2011—2015 年）》，少数民族特色村寨保护与发展纳入统一规划之中。截至 2020 年 2 月，中国少数民族特色村寨共 1652 个，西南地区的中国少数民族特色村寨有 875 个，占全国总数的 53%，其中，广西壮族自治区、重庆市、四川省、贵州省、云南省、西藏自治区等地分别有 137 个、26 个、124 个、312 个、247 个、29 个少数民族特色村寨入选。

2.2 传统聚落研究历程与政策背景

传统聚落作为人类历史文化遗产的重要组成部分，承载着丰富的历史、文化和生态信息。其研究不仅有助于理解人类社会的发展历程，还为当代城乡规划和历史文化保护提供了重要依据。我国传统聚落研究内容主要涉及传统民居、建筑群、空间形态、聚落空间、人居环境、保护更新等方面。

2.2.1 古代文献中的聚落记载

在古代，虽然没有系统地对农村聚落进行科学研究，但在各种方志、野史、小说、笔记和游记中，散见了一些关于农村聚落的描述。例如，《史记·五帝本纪》中提到"一年而所居成聚，二年成邑，三年成都"，注释中称"聚，谓村落也"。《汉书·沟洫志》中也有"或久无害，稍筑室宅，遂成聚落"的记载。这些文献为我们了解古代农村聚落的概况提供了宝贵资料。

明代杰出的地理学家徐霞客，开创性地对中国聚落地理进行了系统性的记叙。他的著作《徐霞客游记》不仅详尽记载了沿途所遇村镇的地名、由来及历史变迁，更融入了科学的聚落地理分析与细致描绘，成为该领域的先驱之作。他详细记叙了农村聚落的地理位置、聚落规模、聚落结构形式、房屋建筑的地域差异，并初步探索了聚落与其周围环境的关系，以及居住在聚落内的人民的风俗、经济生活和集市买卖等。这些描述已接近近代聚落地理的研究考察。

2.2.2 近代聚落研究的开端

中国学界对聚落的专门研究始于 20 世纪 30 年代。当时，法国学派的人地相关说传入中国，白吕纳的《人地学原理》被译成中文，对中国地理学界产生了相当大的影响。新中国成立之前，我国的地理学家纷纷投身于聚落地理研究工作，相较于城市聚落，他们更加重视对农村聚落的调查与研究。主要研究内容包括聚落地理理论研究、专题调查、集镇研究和区域地理研究中的农村聚落等。这时期中国建筑学界关于传统聚落的研究主要聚焦于传统聚落中的古建筑民居研究，相关研究著述关注单体建筑、民居基础性调查测绘等，如梁思成、刘敦桢、龙庆忠等学者对西南地区典型民居开展广泛调查研究，是传统聚落中单体民居研究的开端。20世纪60~80年代，国内的研究学者持续进行民居调查工作，尤其深入细致地研究了浙江地区典型民居的平面布局与空间特征等方面，并设立了第一个全国性学术团体，使传统民居研究具有学术团队支撑。

2.2.3　改革开放后的传统聚落研究

改革开放以来，随着城乡建设的快速发展，传统聚落面临着前所未有的挑战。一些具有历史文化价值的传统聚落被破坏或消失，引起了社会的广泛关注。1982年，我国公布了第一批历史文化名城，标志着国家开始重视历史文化遗产的保护。此后，一系列保护政策和法规相继出台，如《中华人民共和国文物保护法》《历史文化名城名镇名村保护条例》等，为传统聚落的保护提供了法律保障。从20世纪90年代开始，与传统聚落研究相关的著作书籍不断涌现，如彭一刚的《传统村镇聚落景观分析》、龚恺等学者编著的有关传统徽州聚落的书籍等。同时国家进一步落实文物保护工作，相关的政策法律更加具体和完善，为传统聚落价值的挖掘奠定了基础。

2.2.4　21世纪的传统聚落研究与政策

（1）政策的制定与实施

进入21世纪，随着信息技术的快速发展，城乡传统聚落的普查与研究手段也得到了极大提升。2003年，建设部和国家文物局公布了中国历史文化名村、名镇评选方法，随后产生我国第一批历史文化名村、名镇名单，标志着"历史文化名村""历史文化名镇"两个概念及其内涵、评选标准和保护制度正式建立。2007年中央一号文件提出推进社会主义新农村建设，研究学者开始关注新农村建设浪潮中传统聚落的保护与更新研究。2008年，国务院第524号令公布《历史文化名城名镇名村保护条例》，规定"历史文化名城、名镇、名村的申报、批准、规划、保护适用本条例"，显示了保护监督管理工作日趋规范化。2012年12月，住房和城乡建设部、文化部、财政部联合印发《关于加强传统村落保护发展工作的指导意见》。2014 年 4 月，住房和城乡建设部、文化部、国家文物局、财政部联合印发《关于切实加强中国传统村落保护的指导意见》，将传统聚落保护的对象扩展到"传统村落"的定义范畴。

（2）传统聚落价值的重新审视

2015 年中央城市工作会议上，习近平总书记指出，城市建设要让居民望得见山、看得见水、记得住乡愁。这就要求保护弘扬中华优秀传统文化，延续城乡历史文脉，保留中华文化基因。城乡传统聚落包括城、镇、村，蕴藏了古人将哲学观念、生活方式、生产方式与自然条件巧妙结合在一起的智慧，是中华文化基因的重要载体。2017 年党的十九大报告提出乡村振兴战略，振兴传统地域文化是新时期的重要课题，传统聚落的价值得以重新审视。2022 年党的二十大报告强调了文化自信、城乡融合发展和文化遗产保护的重要性，体现出传统聚落的保护与发展对于国家和社会的发展具有重要意义。

（3）多学科融合与新技术在传统聚落保护中的应用

近年来，传统聚落的价值被广泛关注，在空间理论、社会理论、文化理论、生态理论等多理论驱动下，产生了多学科交叉融合、多方法参与的传统聚落保护与利用的综合性研究。随着人工智能深度学习技术的发展，基于遥感图像机器学习技术，可以快速摸清全域城乡传统聚落肌理的保存状况。结合 GIS（地理信息系统），将文字信息与空间数据相结合，建立城乡传统聚落"一张图"数据库。这些新技术的应用，为传统聚落的保护与文化传承提供了有力支撑。

2.3 传统聚落的文化遗产价值

2.3.1 文化遗产的概念

根据《保护世界文化和自然遗产公约》，文化遗产的定义为：从历史、艺术和科学观点来看，具有突出的普遍价值的建筑物、碑雕和碑画，具有考古性质成分或结构、铭文、窟洞以及联合体；从历史、艺术和科学角度看，在建筑式样、分布均匀或环境风景结合方面具有突出的普遍价值的单立或连接的建筑群；从历史、审美、人种学或人类学角度看，具有突出的普遍价值的人类工程或自然与人联合工程及考古地址等。文化遗产保护区包括：历史建筑、历史名城、重要考古遗址和有永久纪念价值的巨型雕塑及绘画作品。

截至 2024 年 9 月，我国有世界文化遗产 40 项。这些文化遗产是人类罕见的、无法替代的财富,是全人类公认的具有突出意义和普遍价值的文物古迹。它们不仅代表了我国悠久的历史和灿烂的文化,也是全人类共同的宝贵财富。这些世界文化遗产包括:北京故宫、秦始皇陵及兵马俑、敦煌莫高窟、周口店"北京人"遗址、长城、拉萨布达拉宫历史建筑群、丽江古城、苏州古典园林、平遥古城、澳门历史城区等。此外,近年来还有新的文化遗产被列入世界文化遗产名录,如2023年列入的云南普洱景迈山古茶园与茶文化景观,以及2024年列入的北京中轴线等。

2.3.2　传统聚落文化遗产要素

(1)区域层面

传统聚落区域是指以传统聚落为核心的一个地域范围,包括传统聚落本身及村域范围内的自然环境。传统聚落区域文化遗产要素涉及传统聚落的社会形态、生活方式及其所处环境的山、水、林、田、湖、草、沙等自然要素,涵盖传统聚落的文化、自然、经济和社会等多个方面,反映了当地居民的自然观、社会观、生命观等内容。

(2)聚落层面

传统聚落作为人类社会发展的重要组成部分,承载着丰富的文化遗产,代表着特定历史时期和地域的文化特征。传统聚落在聚落层面的文化遗产要素是指在传统聚落中所存在的具有文化、历史和艺术价值的元素。这些要素包括建筑风格、传统习俗、民间艺术、传统手工艺品等。这些文化遗产要素不仅仅是物质的存在,更是人们的生活方式、信仰体系和社会结构的反映。

(3)建筑层面

建筑是传统聚落的核心元素,传统聚落建筑层面的文化遗产要素是深入研究传统聚落的一个重要内容。传统聚落建筑是中国丰富多样的文化遗产之一,它代表着历史、民族和地域的独特性。传统聚落建筑的形式和结构反映了当地居民的生活方式、社会结构和环境适应能力,装饰和细节美化建筑本身的同时还反映了当地居民的审美观念和文化特征,建筑的位置、朝向、布局等因素反映了当地的气候、地形、水源等自然条件以及居民与自然和谐相处的自然观等。

(4)历史环境层面

传统聚落具有悠久的历史背景以及丰富的文化内涵,传统聚落历史环境层面的文化遗产要素指的是这些传统聚落中与历史环境相关的文化遗产元素,是传统聚落的典型特征,也是人们与历史环境互动的见证。这些文化遗产要素可以包括建筑风格、建筑材料、建筑技术、街道布局、街道命名、社区规划等方面的内容。建筑材料和技术可以反映出当地的自然资源和工艺水平、街道布局和命名可以反映出社区的组织和历史发展，这些历史环境层面的文化遗产要素对于了解和保护传统聚落的历史和文化意义非常重要。

2.3.3　传统聚落的文化遗产价值

（1）历史价值

遗产的历史价值类别分为历史性、传承性、事件和人物，价值标准要素包括历史事实，具有历史特征的建筑物作为历史发展的证据，以及历史、文化和社会事件的阶段，即与历史、文化、社会和人物有关的建筑物被称作具有历史价值的建筑遗产。

（2）建筑价值

建筑价值是建筑业产品的价值，包含房屋和构筑物价值，其价值标准包括设计、质量、结构、技术、材料等价值因素。建筑根据建设的时间和区域倾向的样式，对建筑历史、遗产价值和风格作详细诠释。随着时代的发展，建筑价值的表达是建筑物提供技术和信息的独特事实，其建筑细节体现在建筑物的材料和结构上的运用效果。

（3）社会价值

社会价值标准分为宣传性、地方性、象征性、文化性和教育性，其价值标准是具有开放性和社区性的公共建筑；以当地文化为背景，使价值得到认可；建筑物是发展和促进当地文化的重要因素；建筑的社会价值代表区域特色并具有独特性、纪念性、代表性等特点，即历史性和文物直接或紧密相关，建筑物中蕴含的历史文化的经验和教育价值被称作建筑的社会价值。

（4）经济价值

遗产的经济价值是指任何遗产对于人和社会在经济上的意义，也是经济行为体从产品和服务中获得利益的衡量。传统聚落文化遗产的经济价值标准分为经济可行性、实用性以及旅游产品价值性。它被归类为旅游业和产品业两类，作为遗产的价值标准，是与地价上涨相比利润较低的建筑物在改变用途时不会增加获利能力或基本上不会干扰功能或性能的建筑物，供将来使用。遗产的经济价值主要表现在具有功能潜力的建筑遗产，维持和使用功能或性能的建筑遗产，预期可为旅游业和产品业带来经济利益的建筑遗产。

（5）聚落价值

遗产的聚落价值主要指传统聚落的物质文化遗产和非物质文化遗产两类，具有突出的普遍价值。其价值标准分为场所性、选址和环境、历史景观保护，价值标准要素为社会文化、时代意义和价值场所。传统聚落是历史上中华各民族生活、生产、生存的基本空间，是孕育中华优秀传统文化之土壤，传统聚落的历史文化价值主要强调"人与自然和谐共生"的环境价值观念，形成以"遗产的村落经济"为主体的价值架构[①]。

【课后习题】

1. 传统聚落的定义是什么？
2. 传统村落的定义是什么？
3. 传统聚落的文化遗产要素包含哪些方面？
4. 传统聚落的文化遗产价值主要包含哪些方面？

---

① 刘志宏. 中国传统村落世界文化遗产价值评估研究 [J]. 西南民族大学学报（人文社会科学版），2021，42（11）：52-58.

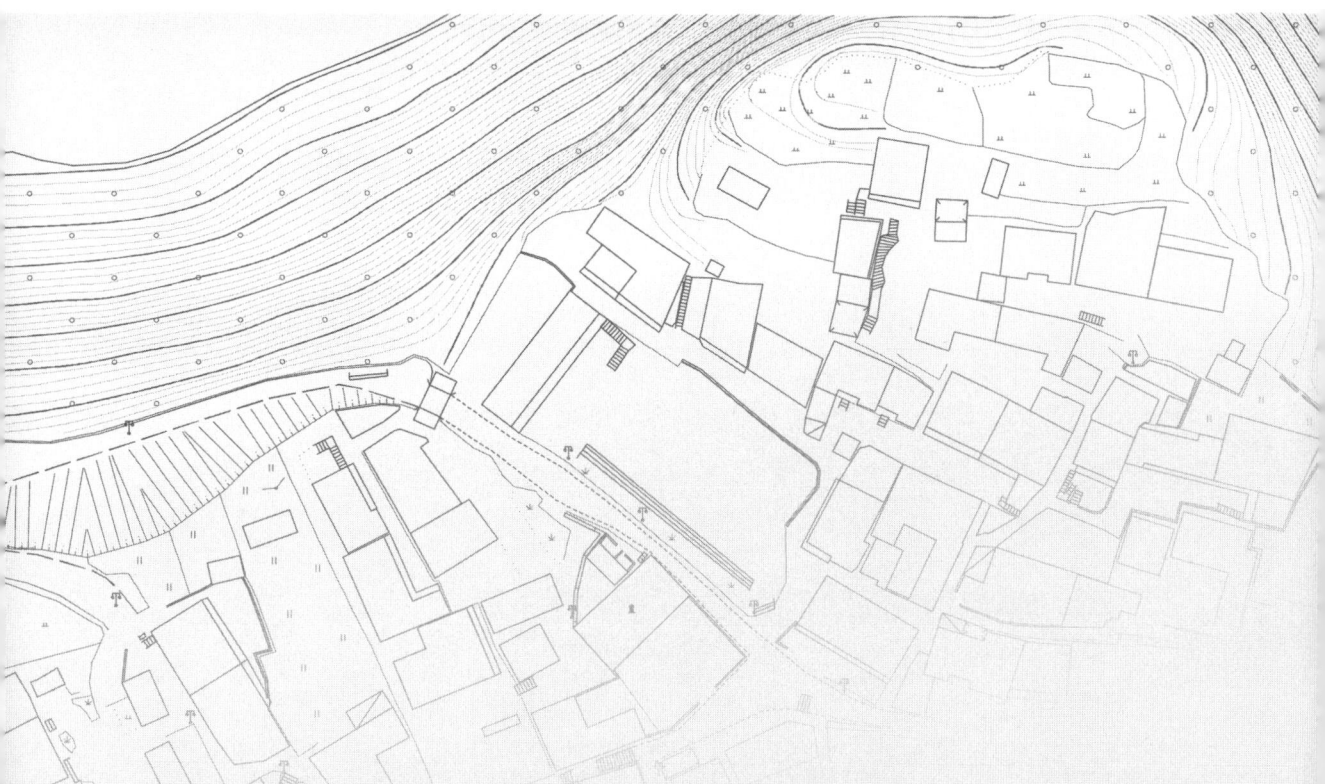

第 3 章
传统聚落测绘的应用场景

【教学目的】本章教学旨在深入理解传统聚落测绘在现代社会中的多重应用价值。学生将能够认识到测绘技术在传统聚落的规划与研究、保护与发展等方面的关键作用，了解传统聚落相关规划和研究的前端数据采集方法，理解测绘技术如何支持传统聚落的保护与发展。

3.1   传统聚落相关规划和研究的前端数据采集

传统聚落承载着中华民族深厚的历史记忆、丰富的生产生活智慧、独特的文化艺术结晶和鲜明的民族地域特色，是维系中华文明的重要纽带，也是中华儿女乡愁的寄托。近年来，随着城市化和现代化的加速推进，传统聚落面临着前所未有的破坏和消失的风险。因此，加强传统聚落的保护工作显得尤为重要和紧迫。测绘成果作为传统聚落保护规划的重要基础数据来源，通过精确描绘村落的空间布局、建筑风格和历史文化特征，为制定科学合理的保护规划提供了有力支持。

3.1.1   传统聚落档案

现今，随着国家乡村振兴工作的推进，传统聚落自身具有的重要保护和开发价值也逐步被挖掘利用。各行各业关于传统聚落的各类研究也逐步走向热门，但目前传统聚落档案收集成果存在较多缺项，难以满足各种科研工作开展的需求。因此，针对传统聚落缺项开展档案收集工作很有必要。传统聚落测绘通过对要素目标空间分布信息的详细测绘与突出表现、主要病害现象与工程设施的合理采集与表达，以及其他要素的如实描述，形成面向传统聚落保护的专题地形图数据，进而对传统聚落的村落空间、街巷格局、传统建筑形制、传统建筑构件大样以及非遗传统工艺等内容的原始资料进行列表分类整理、留存，为后续开展的各种科学研究、建立传统聚落数据模型提供重要的参考数据。

通过测绘工作，完善传统聚落档案收集目录，进而辅助建立、更新、维护传统村落档案。以传统村落为例，《住房和城乡建设部办公厅等关于做好第六批中国传统村落调查推荐工作的通知》（建办村函〔2022〕271号）要求，无论是申报中国传统村落还是各省开展省级传统村落申报、建立、建档，均要求推荐村落应上报村落的周边环境、选址格局、传统建筑和历史环境要素等内容。因此，目前公布的6批中国传统村落在申报之初均按照要求开展了测绘工作。测绘有利于用图示的方式分别表达村落与周边环境的关系，村落的形态、格局和分布，传统建筑的鸟瞰、正面、侧面、背面、重要装饰以及历史环境要素之间的关系、全貌和细节。同时，鉴于传统村落随时间不断演变，加之近年来测绘技术的快速发展，有必要运用更新的技术手段来丰富和完善原有的档案记录，以确保其准确性和时效性（表3-1）。

中国传统村落档案总目录　　　　　　　　　　　　　　表 3-1

序号	题名	内容	形式
1	村落基本信息	村落基本信息表	文档
2	村域环境	村域环境分析描述	文档
		村域环境分析图	图纸
		村域环境照片册页	照片
3	传统村落选址与格局	传统村落选址与格局描述	文档
		传统村落选址与格局分析图	图纸
		传统村落选址与格局照片册页	照片
4	传统建筑	传统建筑基本信息表	文档
		传统建筑分布图	图纸
		传统建筑登记表	文档
		传统建筑照片册页	照片
		重要传统建筑测绘图	图纸
5	历史环境要素	历史环境基本信息表	文档
		历史环境要素分布图	图纸
		历史环境要素登记表	文档
		历史环境要素照片册页	照片
		古树名木登记表	文档
		重要历史环境要素测绘图	图纸
6	非物质文化	非物质文化遗产代表性项目登记表	文档
		非物质文化遗产代表性项目照片、录音或录像册页	照片
			录音
			录像
		其他非物质文化项目登记表	文档
		其他非物质文化遗产代表性质项目照片、录音或录像册页	照片
			录音
			录像

续表

序号	题名	内容	形式
7	文献资料	古书籍	图书
		当代正式出版物	图书
		论文等	文档
		复印、翻拍件等	文档
		拓本、摹本等	拓片
		其他材料	
8	保护与发展基础资料	村落人居环境现状表	文档
		村庄人居环境现状照片册页	照片
		保护与管理现状表	文档
		规划文本和行政管理文件	文档
		其他材料	
9	其他补充及说明		

资料来源：《住房城乡建设部 文化部 财政部关于做好 2013 年中国传统村落保护发展工作的通知》（建村〔2013〕102 号）

3.1.2　传统聚落规划

（1）自然资源调查工作

传统聚落根植于乡村农耕社会的土壤中，山、水、林、田、湖、草是村落存在的基本环境，传统聚落测绘有助于查明传统聚落村庄乃至村域的自然资源家底及其变化情况，为科学编制传统聚落保护发展规划，逐步实现传统聚落山、水、林、田、湖、草等自然空间的整体保护、系统修复和综合治理，同时，高清影像、地表模型、三维数据等类型的传统聚落测绘产品可辅助自然资源现状调查工作。

①辅助构建覆盖全面的自然资源调查体系

以现有第三次国土调查为基础，同时，基于统一的数据库建库标准及规范，通过现代测绘技术进行传统聚落测绘，建立集传统聚落遥感影像、土地类型、面积和权属等信息为一体，覆盖国家、省、市、县四级的自然资源调查数据库，进而搭建成果共享应用平台，逐步实现国土调查向自然资源调查过渡。同时，还可借助于每年开展的年度土地变更调查和"季度 + 年度"卫片执法工作，调整和完善遥感监测等测绘手段获得的成果，用以提高监测内容的针对性和完整性，及时掌握传统聚落内部各类自然资源变化情况，查清各类自然资源分布现状，利用已有各类专项调查成果建立自然资源调查和监管信息平台，形成自然资源"一张图"，构建覆盖完善的自然资源调查体系。

②建立统一集成的自然资源数据应用体系

自然资源调查工作，调查是基础，应用是关键。加强基础调查应用研究，以第三次国土调查为基础，传统测绘工作可以深化对村庄这一自然资源调查对象的认识，为收集现有的森林资源清查、水资源调查、湿地资源调查等数据成果，全面、准确地掌握各类资源的数量、质量和空间分布，整合土地、矿产、森林、湿地、水、海洋等各类自然资源数据，形成包含基础地理数据、现状数据、规划数据、权属数据的自然资源数据应用体系，充分发挥地理空间大数据对自然资源调查的技术支撑作用，为各级自然资源管理及决策部署提供有力支撑。

③加强自然资源综合调查与评价基础研究

新时代自然资源调查工作需要围绕自然资源调查总体思路及方案，基于国土资源调查与评价、森林草原调查、水资源调查、湿地资源调查、生态保护与修复治理、国家生态文明建设等积累的理论方法，传统聚落测绘在研究制定自然资源综合调查与评价理论制度体系，完善自然资源综合调查与评价的内容、方法和标准，规范调查成果与应用等方面具有重要作用。开展自然资源综合评价，研究自然资源管理重大问题，支撑自然资源空间规划、用途管制和生态修复治理，创新自然资源调查理念，完善调查评价方法，拓展成果应用，为自然资源管理提供技术和理论支撑，全面提升自然资源管理服务水平。

（2）编制乡镇国土空间规划

乡镇上联城市、下接乡村，作为五级国土空间规划体系的最基本单元，承担着由上传导、中间管控、向下指导的重要作用，因此乡镇国土空间总体规划发挥的主要作用应当包含三个方面：

①贯彻落实省、市、县国土空间规划关于本乡镇的具体要求，有力保障重大战略布局的落实。

②摸清乡镇全域各类资源底数，明确刚性管控要求，划定国土空间保护开发格局，完善全域支撑体系，指导集中建设区建设发展，形成国土空间"一张图"。

③建立规划刚性传导体制机制，指导各项专项规划、详细规划、乡村规划的编制和实施。

传统聚落作为乡镇国土空间的现实载体，开展传统聚落测绘，可深入认识乡村自然资源、历史文化资源、土地利用和生态环境现状，为制定乡镇国土空间整治的类型、规模、范围和方式，明确乡镇国土空间生态修复的重点任务、重点区域、具体措施和要求，充分结合当时当地的发展阶段和实际需要，统筹确定乡镇国土空间开发战略、开发格局提供基础数据支撑。

（3）编制村庄规划

随着各省乡村规划工作的陆续展开，村庄规划作为国土空间规划体系中乡村地区的详细规划，是开展国土空间开发保护活动、实施国土空间用途管制、核发乡村建设规划许可证、进行各项建设的法定依据，也是实施乡村振兴战略的重要前提、指导乡村发展建设的基本依据。通过传统聚落测绘，进一步明确村寨住宅、道路、供水、排水、供电、垃圾收集、畜禽养殖场所等农村生产、生活服务设施、公益事业等各项建设的用地布局现状，有利于"资源环境承载力评价"和"国土空间开发适宜性评价"工作的开展以及对耕地等自然资源、村庄基础设施、历史文化遗产保护、防灾减灾等作出具体安排，进而结合不同村庄的发展需求，采用"基础内容"+"细化增补内容"相结合的方式开展村庄规划编制方式，达成统筹村域自然山水地理格局和村庄形态的有机融合，落实耕地和永久基本农田保护任务，明确生态保护与修复要求的规划目标（表3-2）。

村庄规划"基础内容"+"细化增补内容"编制内容一览表 表3-2

村域规划内容	基本内容	村庄发展目标
		国土空间布局
		国土空间用途管制
		基础设施和公共服务设施
		安全和防灾减灾
		近期实施项目安排
	细化增补内容	产业发展布局
		生态修复和国土空间综合整治
		历史文化保护
自然村（组）规划内容	基础内容	自然村（组）空间布局
		农村人居环境整治
	细化增补内容	村庄配套设施建议
		农房住宅建设管控与风貌引导

资料来源：《贵州省村庄规划编制指南（试行）》

①构建城乡协调发展的镇村空间结构体系

如何实现城乡协调发展是村庄规划的重要内容之一，是推动乡村高质量发展，推进乡村振兴工作的重要抓手。而在实际情况中，村落用地布局过于分散，部分村落位于大山深处，交通不便，基础公共服务设施不能支撑村落发展等情况是制约着乡村融入城市发展集合体的重要因素。传统聚落测绘工作数据有助于解决村落与周围公路、铁路、河流、地貌、商服用地、学校、医疗的空间关系，统筹村落的空间分布、面积、人口等因子，进而最终实现城乡协调发展。

②充分利用资源优势做好产业发展规划

通过测绘工作丰富的成果形式，可以挖掘村落内潜藏的旅游资源、独特的人文气息、深厚的文化底蕴，借此发展乡村创新旅游产业，进一步调整村庄产业布局；构建乡村产业的一、二、三产业融合发展模式，形成多层次的产业链；带动农民深度融入，共享创新旅游发展红利，充分体现产业发展的重要作用；不断完善区域性产业发展建设，确保其满足美丽乡村建设的标准；同时，全方位提升农民的生活水平和经济效益。

③科学编制村庄布局规划

测绘成果可充分展现村庄人口、布局、产业发展、文化等要素的空间分布，利于准确划分村庄土地类型、形成村庄规划的统一底图，利于充分考虑城镇化发展进程，按照"望得见山、看得见水、记得住乡愁"的要求，突出地方特点、文化特色和时代特征，保留传统村庄特有的民居风貌、农业景观、乡土文化等。整合村内建设用地资源，引导村民集中居住，释放开发空间存量，按照"绿水青山就是金山银山"的绿色科学发展理念，坚持保护与建设并重，保护好永久基本农田和建设开发的底线，为农村生产、生活创造优质环境。

④人居环境整治提升

改善村落人居环境，建设美丽宜居乡村，是实施乡村振兴战略的重要环节，是全面建成小康社会、文明社会的重要标志。当前，在乡村振兴战略的深入实施下，农村人居环境得到了显著改善，但仍存在一些不平衡的问题，特别是在部分区域，垃圾处理、生活污水排放、雨后道路通行条件以及村容村貌整治等方面，仍有较大的提升空间。利用传统聚落的测绘数据，统筹现有村落的空间分布，并结合各个村落的人口密集程度，合理布置垃圾堆放点。同时，可以为分析村庄附近坑塘及河流受污程度，梳理村庄内未硬化道路的数量、面积的基础数据，及合理优化村落人居环境提供数据支撑。

⑤开展生态保护

习近平总书记在全国生态环境保护大会上发表重要讲话，着眼人民福祉和民族未来，明确提出加强环保工作是建设生态文明、建设美丽中国的根本遵循。现阶段，我国环境保护正处在关键期。虽然污染防治工作取得了一定的成绩，但诸多挑战依然存在。利用传统聚落测绘数据，获取的最新遥感影像数据等，通过划定生态保护红线等手段，实时监控村落生态保护红线内的地表覆盖情况，为进一步判断村落生态提供有效支撑。

⑥乡村国土资源的可持续发展

随着近些年信息技术的快速发展，测绘成果展示也有了更为丰富的形式，在推动国土资源可持续发展的过程中，可以充分利用互联网信息技术构建传统聚落档案展示平台，以平台为基础实现相应测绘数据、村落信息的共享，不但能够提升传统村庄资源开发利用率，而且可以监测相应规划管理制度的有效落实。相关工作人员需要以测绘所得成果作为基础，以国土资源规划、利用作为指引，借助于新型勘察、测绘技术成果，进而实现国土资源的集约化管理。同时，为了确保先进科技能够充分发挥价值，要做好相应推广工作，以资源节约和环境保护作为关键点，进一步提升国土资源利用水平。

（4）编制传统村落保护发展规划

传统村落保护发展规划主要包括调查村落传统资源，建立传统村落档案，确定保护对象，划定保护范围并制定保护管理规定，提出传统资源保护以及村落人居环境改善的措施等任务。《历史文化名城名镇名村保护条例》《传统村落保护发展规划编制基本要求》等文件提供了法律基础和科学规划理念。在编制传统村落保护发展规划时，要保护村落的历史建筑、古迹遗址和传统文化，更要通过科学合理规划，同时遵循整体性保护、公众参与、可持续发展等核心理念，构建一套科学完善的规划体系。确保规划内容的可行性和可接受性，为文化遗产提供更精准有效的保护。

①提升传统村落保护发展规划的针对性

自然环境要素：主要包括传统村落内部、周边重要的山、水、林、田、湖、草、沙等。通过测绘工作对自然要素的位置、质量、种类、数量等进行详细记录，并针对具有典型性、重要性的自然环境要素开展保护规划工作。

人文环境要素：主要包括村落历史街巷、历史建筑、历史古迹、生产生活设施、民居和小品、传统技艺、民间风俗、传说等。传统村落蕴含着丰富的非物质文化遗产，针对各类非物质文化遗产在工艺、材料等各个方面的不同，需要给予专门的规划保护措施。

②提升传统村落保护发展规划的科学性

传统村落是个复杂的集合体，内部含有各种各样的物质、非物质要素。因此，在推进乡村振兴工作的前提下，需要制定科学、有效的传统村落保护发展规划，以确保传统村落保护发展工作的科学性。

③辅助改善人居环境

通过测绘工作保障规划底图绘制的科学性以及有效性，结合规划底图以及各类测绘成果，分析传统村落人居环境现状问题，进而推进农村土地整治、村庄公共空间整治，清理乱堆乱放，拆除私搭乱建，统筹利用闲置土地、现有房屋及设施等，改造、建设村庄公共活动场所，完善各村基础设施、公共服务配套设施建设等工作。

④辅助保护传统村落

对传统村落内部现有建筑以及各种市政公共基础设施采取三维建模技术建立传统村落模型，分析村庄传统建筑保护利用的可行性，从而引进现代科学技术，对传统建筑内部铺设消防系统、安防设施等。此外，还可对村庄内的古树名木、古井、古桥等历史环境要素进行相关修复。为突出村庄特色，扎实做好传承传统村落内部的物质和非物质文化项目的辅助工作。

⑤辅助规划编制、实施工作

通过定期测绘工作不断更新传统村落模型，统筹推进完善对传统村落保护规划编制工作，突出村落自然景观环境、传统格局和整体风貌、传统建筑物保护、非物质文化遗产保护传承、基础设施、公共服务设施和人居环境改善等方面内容，为后续保护发展提供指引。此外，还可以根据传统村落的实际情况和保护发展规划编制实施方案，围绕传统建筑保护利用、防灾安全保障、历史环境要素修复、基础设施和环境改善、文物和非物质文化遗产保护利用等任务，明确项目建设内容及时间节点，加快推进项目实施，尽快让传统村落展露新颜。

3.1.3 传统聚落研究

（1）动态监测

传统聚落并非一个静态的概念，而是一个处于持续发展与变化之中的具体实体。因此，在研究传统聚落时，我们应以发展的视角来审视它。动态监测，特别是通过传统聚落测绘，能够实时捕捉村落空间格局的演变、传统风貌的维护状况、文化空间的变迁以及潜在灾害的预警信息。例如，通过定期对村落中的建筑物进行精密测绘，我们可以全面、具体地观察建筑物的位移和沉降现象，从而对其质量进行深入的探究与鉴别。这种动态的、连续的监测过程，能够为传统聚落中建筑物的保护提供基础，也能为村落的整体规划和保护策略的制定提供依据。

（2）定期评估

乡村振兴的关键支柱在于土地利用的有效管理，它是践行"绿水青山就是金山银山"理念的重要基石。当前，随着城镇化进程加快，农村地区面临建筑用地闲置与农用地荒废等严峻挑战，这阻碍了乡村的转型升级与可持续发展。为此，借助传统聚落测绘工作所积累的数据资源，我们能够精确掌握乡村土地的功能、类型、位置、面积及其周边环境的特性，清晰描绘出山、水、林、田、草等自然资源的空间布局。为科学引导传统聚落开展土地整治、耕地保护、土地精细化管理等工作提供有效数据支撑。并在此基础上，研究如何去解决制约乡村土地利用的主要问题。

（3）聚类分析

截至 2023 年，我国传统村落总数量已高达 8155 个，涵盖了 31 个省、自治区、直辖市，整体上呈现出研究数量多、质量分异大、分布范围广及特色差异明显的典型特征。在对传统村落进行分级分类研究时存在一定的困难，因此，聚类分析作为一种便捷、直观、有针对性的研究方法，得到了较高认可与广泛关注，研究热度也在不断上升，为传统村落的分类分级工作奠定了研究基础。

在进行传统村落聚类分析研究之前，我们需要对传统村落的整体空间具备一个较为完整的认识。这个认识需要全面涵盖整个传统村落的物质空间和文化空间，并借助测绘手段精确获取这两个空间的属性信息。在此基础上，我们可以选择一个合适的划分视角作为分析的切入点，并据此构建相应的评价指标体系，以形成统一的划分标准，并依据评价结果对传统村落进行合理的类型划分。

3.2 传统聚落物质文化遗产要素的保护与利用

传统聚落内的传统建筑，是中华璀璨农耕文明的历史见证者，对其进行保护就是为了现在和未来的进步与发展，意味着文明的延续，同样意味着人类自身价值的递进。在对传统建筑进行保护与修缮时，应充分尊重历史、维护历史，进而从传统建筑的现状测绘出发，遵从原真性原则与可识别性原则，对传统建筑进行修缮保护。

3.2.1 建立传统聚落及其建筑遗产信息库

以传统聚落测绘成果和建筑数字模型为基础，采用类型学的方式对所采集的多源信息进行分类、分层整理，构建合理的存储管理结构，以方便数据信息的检索和调用，作为后续传统聚落及其建筑修缮、改建等一系列建设活动的重要参照。

（1）传统聚落信息

①传统聚落历史文化信息

主要指传统聚落的历史发展脉络和非物质文化遗产的相关内容。对有关传统聚落记载的历史文献和坊间口述史进行收集汇编，系统梳理村落历史沿革以达到完善历史内容的目的。非物质文化遗产包括民俗活动、传统手工艺等，可通过采访、拍照和录像的方式对其进行记录保存。

②村落空间与街巷信息

通过无人机倾斜摄影技术，将村落空间与街巷结构的相关数据信息进行采集和保存，在模型中附加街巷和建筑的基础信息。通过周期性无人机拍照生成不同时间村落倾斜摄影和正射影像图，快速构建传统聚落整体的三维模型，用于监测和分析村落空间和街巷系统的变化，其中包括建设状况、建筑顶界面、街巷侧界面以及院落空间的变化情况。

（2）建筑遗产信息

①传统建筑信息

根据建筑类型对村落的传统建筑进行分类管理，可将建筑分为商肆建筑、民居建筑、宗祠建筑等，对于不同类型建筑都建立一套较为完整的建筑信息数据库。其中，包括建筑的三维点云数据、建筑图纸、二维图像、建筑结构、装饰特点、历史背景、现存状况以及所属产权等数据信息，以几何数据信息附加文本档案信息的方式实现传统聚落建筑信息数据库内容的全面性。

②建筑数字模型

通过多技术协作与数据互补，建立传统聚落建筑三维数字模型，将所获取的建筑几何数据信息、结构信息和装饰信息综合到三维数字模型上，进行数据信息的可视化管理。使用三维数字模型开展村落整体的改造设计工作，包括民居建筑改造、损毁建筑逆向复原、新功能建筑设计、街巷界面和公共空间改造等方面，以提升村落的人居环境质量。

③建筑细部构件信息

传统聚落建筑的装饰表现丰富、特色鲜明，因此对其进行独立建库以便系统开展相关内容的研究，该部分内容涵盖了村落传统建筑中的构件做法，包括彩绘、石雕、砖雕、木雕，特别是大量民居门楼的形式与装饰内容。

3.2.2 传统建筑修缮

修缮传统建筑物，需要以保护为目的，以维护建筑安全为原则，按照建筑的原有材料、原有形式、原有结构、原有做法来开展传统建筑的整修工程，改善其使用功能，进而保障传统建筑的原有历史风貌和价值要素。通过专业的测绘工作完成对传统建筑的测绘，有利于全面把握传统建筑的基本状况、耗损程度、建筑架构、装饰细节等，进而为传统建筑后续剔凿修补、局部修补、整体重做、桐油养护等提供重要参考依据。

3.2.3 危房改造

传统聚落的危房改造，需要尽量在不改变建筑外观形式以及保存有价值的构筑物和建筑构件的前提下，局部采用混合结构与新技术对危房进行翻建以及危房内部结构改造，进而保障和提升房屋的安全性和宜居性。采用倾斜摄影测量、近景摄影测量等测绘技术获取危房的实际数据，并以这些数据作为基础，采用 CC 倾斜摄影三维建模软件、EPS 地理信息测图软件等对危房进行数字化建模，可以为后续开展建筑构件的检测以及安全性评价提供重要支撑，进而保障建筑的正常使用和建筑的安全状态（图 3-1）。

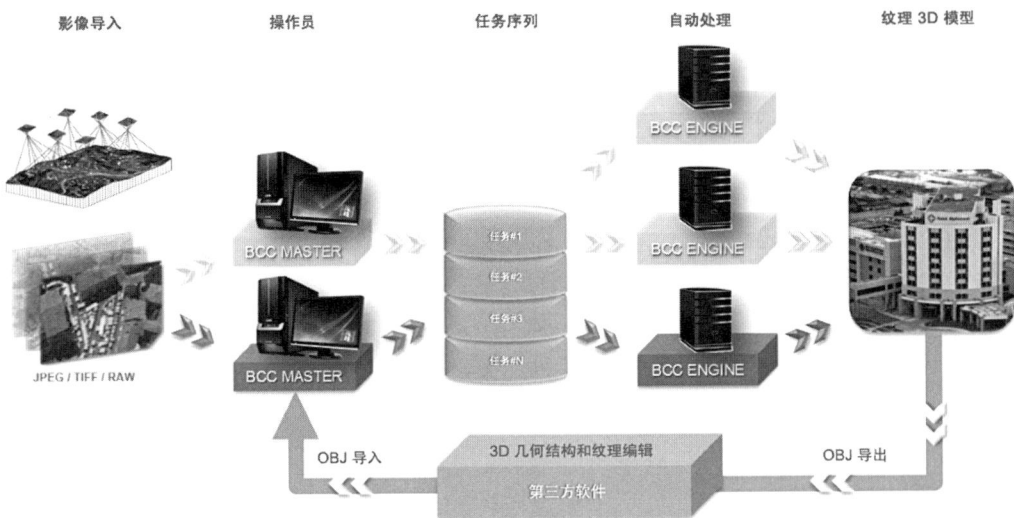

图 3-1　ContextCapture 工作流

3.2.4 提升特色风貌营造

（1）建筑风貌保护

以始终保持传统聚落建筑真实性与传承性为原则，重点保护具有历史文化价值的传统建筑及其风貌要素。通过测绘工作对传统聚落建筑现状进行全面综合的分析，基于建筑建造年代、建筑风貌和保存状况，将村内建筑分为保护、修缮、改造、整治改造、保留、拆除六个等级。以建筑测绘成果作为参照，对民居更新改造进行风貌引导，控制建筑色彩的选择与建筑材质的配比，协调新旧建筑风貌关系，展示传统历史文化（图 3-2）。

图 3-2　建筑分类保护与整治现状图

（2）村庄环境风貌整治

在环境整治上，通过无人机低空摄影测量技术、实时动态测量技术（RTK）、近景摄影测量技术等对村域环境进行测绘，其测绘成果可以作为统筹传统聚落自然人文环境，改善村民生活环境，整治乡村生活垃圾、生活污水，清除村中废弃坑塘、废杂间等方面的整治参考对象。

在村庄风貌的营造上，以村庄主体测绘成果为参考，以村中传统建筑、水塘、古树等作为主要参照点，以过境乡道沿线景观和河道生态景观等为参照线，突出 传统聚落山水相依、沟通内外的特色风貌。此外，通过对传统建筑村域、村庄、建筑和周边环境进行测绘，可辅助改善居住条件，完善道路交通，在不改变街道空间尺度和风貌的情况下，提出村落基础设施改善、公共服务提升措施，安排防灾设施、进行村域国土空间综合整治提升等。

3.3　传统聚落数字化保护与可持续发展

3.3.1　传统聚落数字博物馆建设

（1）数字博物馆展现文明魅力

传统聚落数字博物馆旨在借助于当代信息化和新技术手段，按照百科式、规范化的在线博物馆的要求，通过可视化互动展示技术，融合视频、音频、图片、文字、三维实景模型、360° 全景等数字媒体，展现辉煌灿烂的中华农耕文明，实现对中国传统聚落的真实完备复原和数字化呈现。建立全国传统聚落的电子档案和面向公众的数字博物馆，是弘扬中国文化、讲好中国故事的重要载体平台。

（2）政策推动数字博物馆建设

以传统村落为例，2012年，中共中央办公厅、国务院办公厅印发了《关于实施中华优秀传统文化传承发展工程的意见》，将建立中国传统村落数字博物馆作为传统村落保护工程的重要任务。2017年，住房和城乡建设部办公厅印发《关于做好中国传统村落数字博物馆优秀村落建馆工作的通知》（建办村函〔2017〕137号），正式启动中国传统村落数字博物馆平台建设工作（图3-3）。

图3-3　中国传统村落数字博物馆

（3）测绘工作助力数字博物馆建设

测绘工作可为传统聚落数字博物馆建设提供丰富的传统聚落周边环境、选址格局、传统建筑和历史环境要素等人文地理资料，丰富传统聚落数字博物馆平台的内容，同时，也可以作为传统聚落数字博物馆内传统聚落的三维实景模型、360°全景等新型建模视觉效果展现方式重要的基础数据来源，充分展现传统聚落自身物质和非物质文化魅力，进而为推动传统聚落数字博物馆建设以及传统聚落的保护工作作出重要贡献（表3-3）。

中国传统村落数字博物馆材料制作要求（部分）　　　　　　　表3-3

序号	内容	要求
1	文字	文字要求逻辑清晰、完整，表述准确精练，语言优美，具有较强的故事性和可读性。除各表中明确标识的文字限制以外，其他图像文件、视频文件、音频文件等对应性文字说明应不超过300字为佳；具体概括、介绍性文字应不超过500字为佳

续表

序号	内容		要求
2	图像文件	照片	文件类型为 JPG，建议图片大小不超过 10MB
		航拍照片	文件类型为 JPG，建议图片大小不超过 10MB。图片尺寸宽度大于 1000px 且小于 2000px，图片长宽比例为 4:3
		360° 全景系统	源文件为 JPG，最终成果为可通过网页浏览的格式（以 index.html 文件为入口的 HTML 形式）。其中源文件单张照片建议高于 1200 万像素；最后拼接好的原始全景图像分辨率为 14000×7000 像素
3	视频文件	航空视频	文件类型为 MP4，建议航拍视频大小不超过 100MB，支持 H264 的 MP4 文件
		常规视频	文件类型为 MP4，建议航拍视频大小不超过 100MB，支持 H264 的 MP4 文件
		微电影（微纪录片、微动漫、宣传片）编制	文件类型为 MP4，分辨率不低于 1920×1080 像素，30 帧/秒，作品还需提供脚本及字幕，视频成片版和工作版两个数码版本
4	三维实景模型		文件类型为 OSGB，整个村落的三维模型数据量应当控制在 10GB 以下

资料来源:《中国传统村落数字博物馆村落建馆填报说明》。

3.3.2 传统聚落可持续发展

（1）创新乡村产业发展形式

产业发展是实现美丽乡村、农民脱贫致富的根本，是助力脱贫攻坚的重要手段。通过分析传统聚落测绘工作的成果数据，可统筹乡村既有产业的功能、作用、位置、面积、数量等，进而结合村落的实际情况，开发符合村落实时发展趋势的特色产业项目。进而通过引导村落的产业发展，激活村落发展的内在动力，加强村落与外部城镇之间产销联系、增加农民收入，促使农民从城市返回农村，助力推进乡村振兴战略。

传统聚落是中华民族灿烂绚丽五千年农耕文化的现实载体，是中华文化传承发展的活化石，在对传统聚落产业发展路径与模式的探讨当中，旅游对乡村发展、乡村振兴的带动效应的作用日益突出已成为各界共识。发展旅游业是传统聚落保护与发展的重要路径选择，尤其是在现今乡村普遍缺乏较为完整的基础设施支撑以及一定的资金投入的背景下，旅游在促使村落产业结构调整、村寨基础设施自我完善、村民文化自信逐步增强、村民行为自我规范管理方面具有重要作用，保护传统聚落，发展民宿等乡村旅游，可为巩固拓展脱贫攻坚成果、同乡村振兴有效衔接提供有力产业支撑，进而推动乡土社会自我管理、自我更新能力提升，形成乡村地区有效且持续发展的动力。

（2）传统文化空间的保护工作

在传统聚落的保护中，通过协调村落保护与开发二者力度，依据保护优先的原则，兼顾一定的经济利益来保护具有历史价值的传统聚落。要充分运用物质与非物质手段，坚持推进传统聚落周边环境、选址格局、传统建筑和历史环境要素等物质文化空间要素保护的同时，也需要注重保护具有特色乡土气息的邻里关系、宗族关系等非物质文化空间的保护工作。在涉及传统文化空间保护的问题时，可以充分学习乡村传统文化的保护模式，充分发挥在传统文化保护时物质与非物质两种手段的效果。

（3）丰富乡村展示传播形式

"十四五"期间，我国《数字乡村发展战略纲要》进入新阶段。我国传统村落拥有丰富的文化与自然资源，具有一定历史、文化、科学、艺术、经济、社会价值，是中国农耕文明时代留下的最大遗产。通过前期基础测绘工作，获得传统村落内部传统文化录音、照片、文字记录，并采用倾斜摄影技术、近景摄影技术等方法获得传统村落基础数据，进而对其采用 GIS 空间数据库技术、CC 倾斜摄影三维建模软件等建模方法，搭建现代网络展示平台，运用三维模型搭配音频解说等方式让大众更加直观了解传统村落的独特魅力。同时，也有助于新时代《数字乡村发展战略纲要》的施行（表 3-4）。

《数字乡村发展战略纲要》阶段内容一览表　　　　　　表 3-4

发展阶段	时间	目标	内容
第一阶段	2019~2020 年	数字乡村建设取得初步进展	农村互联网普及率明显提升，农村数字经济快速发展，"互联网＋政务系统"加快向乡村延伸，网络扶贫行动向纵深发展，信息化在美丽宜居乡村建设中的作用更加明显
第二阶段	2020~2025 年	数字乡村建设取得重要进展，城乡"数字鸿沟"明显缩小	4G 在乡村进一步深化普及、5G 创新应用逐步推广。农村流通服务更加便捷，乡村网络文化繁荣发展，乡村数字治理体系日趋完善
第三阶段	2025~2035 年	数字乡村建设取得长足进展	城乡"数字鸿沟"大幅缩小，农民数字化素养显著提升。农业农村现代化基本实现，城乡基本公共服务均等化基本实现，乡村治理体系和治理能力现代化基本实现、生态宜居的美丽乡村基本实现
第四阶段	2035~2050 年	全面建成数字乡村，助力乡村全面振兴，全面实现农业强、农村美、农民富	—

（4）助力乡村振兴

传统聚落是中华文化中重要的、不可再生的历史文化遗产资源，而且传统聚落多位于少数民族聚居地区，因其独特的山川地理、各自民族文化的多样性以及在中华民族文化历史发展进程中与其他地区所展现出的不同步性而至今依然留存。在国家全面推动乡村振兴的背景下，传统聚落有条件也有必要在实现传统文化的良好传承、创新发展特色的乡村产业、提升乡村人居环境质量等方面做出相应的探索与起到一定的示范作用，为建设以良好的乡村人居环境、创新的产业发展形式、活化的传统文化传承为特点的现代化美丽宜居乡村作出应有贡献。进而传承弘扬优秀的乡村历史文化、地域文化，将传统聚落建设成为乡村优秀文化的展示窗口，倡导文明的生产生活方式，推进乡村治理，带动周边乡村地区的整体发展，实现产业兴旺、生态宜居、乡风文明、治理有效、生活富裕的发展目标。

【课后习题】

1. 传统聚落测绘的应用场景包含哪些方面？

2. 传统聚落保护发展规划的前端数据采集包含哪些内容？

3. 测绘技术在传统聚落物质文化遗产要素的保护与利用中有哪些应用场景？

4. 测绘技术为传统聚落的数字化保护提供哪些数据支持？

第 4 章
测量学相关知识

【教学目的】本章旨在全面提高学生的测量学素养，使他们能够深入理解测量学的内涵、发展历程及主要分支，掌握测量学在各类学科中的应用范围和技术手段，为城乡规划、建筑学及风景园林等专业的实践工作提供支持。

4.1 测量学的内涵和发展

4.1.1 测量学基本概念

测量学是测绘科学的重要组成部分，是研究地球形状和大小以及确定地球表面（含空中、地表、地下和海洋）物体的空间位置，并对这些空间位置信息进行处理、储存、管理的科学[①]。测量学是测绘学科中的一门技术基础课，同时也是土木工程、交通工程、测绘工程和土地管理专业的一门必修课。

在城市规划和行政管理、工程建筑设计和土地管理等工作中都需要地形信息，而地形信息的基本元素是一系列点位的空间位置及其属性。地形测量是地形点的空间位置和属性的采集、计算与整理，其主要成果是地形图。地形测量的基本理论和方法是测量学的主要内容之一，简称"测绘"。

4.1.2 测量学原理

在工程建设的规划、管理和设计中，所需的地形信息的内容及其所需要的精度可能有所不同，但其获取的方法基本上是一致的。因此，在测量学中将介绍地形信息的精度和地形图应用的基本方法。

（1）测设理论与定位方法

测设理论即在实施工程建设的规划、管理和设计时，需要首先将规划设计的工程在实地定位，称为设计点位测设或施工放样，点位的测设需要有一定的定位方法和定位精度。因此，有关设计点位空间位置测设的理论和方法也是测量学的主要内容之一，简称"测设"。

定位方法要以建筑物的形状不同而异，直角坐标法用于规整场地；极坐标法适用于不规则建筑；角度交会法在通视好但量距难时使用；距离交会法用于平坦易量距处；

---

① 杨松林，杨腾峰，师红云. 测量学 [M]. 北京：中国铁道出版社，2013.

GPS 定位法应用广泛；水准测量定位法确定高程。

（2）信息采集与处理

测量学的主要内容是地形信息的采集、处理、应用和工程设计的施工放样。其过程是：测绘—应用—测设。其中"应用"是各有关专业的学习内容，而"测绘"和"测设"是在测量学中学习的内容。后文会介绍一些有关地形信息的采集、处理、应用和工程设计的施工放样实例。

4.1.3　测量学发展

测量学的发展与社会生产及其他科学的发展紧密相关。测量学的起源可远溯到上古时代，在人类与自然的斗争中，如我国古代大禹治理洪水，以及古埃及尼罗河泛滥后在整理土地的边界时，就已运用了测量手段。

（1）中国古代测量学兴起与发展

我国历史悠久，文化灿烂，测量在我国很早已得到发展。公元前 7 世纪春秋时期，管仲在《管子》一书中已有关于地图的论述和早期的地图。公元前 4 世纪战国时期，我国就有用磁石制成的世界上最早的定向工具"司南"。公元前 2 世纪东汉张衡创造了浑天仪和地动仪，这是世界上最早的天球仪和地震仪。公元 3 世纪三国时期的刘徽著有《海岛算经》一书，论述了有关测量海岛距离和高度的方法。公元 4 世纪西晋时期裴秀编绘了《禹贡地域图》和《地形方丈图》，并总结了前人的制图经验，提出了绘制地图的六条原则——制图六体，即分率（比例尺）、准望（方位）、道里（距离）、高下（高程）、方邪（形状）、迂直（曲直），这是世界上最早的编制地图的规范。公元 400 年中国发明了测量距离的记里鼓车。公元 742 年唐张遂、南宫说等人自河南滑县到上蔡丈量了 300 公里的子午线弧长，并用日晷测定纬度，得出纬距每度长 351 里 50 步，这是世界上最早的子午线弧度测量。11 世纪北宋沈括在《梦溪笔谈》中记载了磁偏角现象，他曾绘制了《天下州县图》，是当时最好的地图，并用罗盘和水平尺测量地形。13 世纪元代郭守敬在全国进行了大规模的纬度测量，共测了 27 个点。17 世纪末，清朝开始了全国性的测图工作，到 1718 年完成了《皇舆全览图》，在此基础上于 1761 年（清乾隆二十六年）又编成了《大清一统舆图》。

（2）外国测量学兴起与发展

17 世纪初，测量学在欧洲得到较大发展。1617 年荷兰人斯纳留斯首次进行了三角测量。1608 年荷兰的汉斯发明了望远镜，随后被应用到测量仪器上，使测绘科学产生了巨大变革。随着第一次工业革命的兴起，测量的理论和方法得到不断发展。

1687 年牛顿发现了万有引力，提出了地球是一个旋转椭圆体。1794 年高斯提出的最小二乘法理论，以及随后提出的横切椭圆柱投影，对测绘科学理论的发展起到了重要的推动作用。19 世纪中叶，许多国家都进行了精确的全国地形测量。20 世纪初随着飞机的出现和摄影测量理论的发展，产生了航空摄影测量，给测绘科学又一次带来巨大的变革。

20 世纪 50 年代起，电子学、计算机、激光技术和空间技术的兴起，使测绘科学又得到新的发展，如自动安平水准仪、光电测距仪、电子经纬仪、电子全站仪、陀螺经纬仪、GPS 接收机等新型测绘仪器不断出现。以及电子计算机、遥感技术、惯性测量、卫星大地测量和近景摄影测量等新技术的应用，使测绘科学发展到一个新的阶段，并正向自动化、数字化的方向继续前进。

（3）中国测量学近现代发展

近几十年，我国测绘事业有了很大发展。建立和统一了全国坐标系统和高程系统；建立了遍及全国的大地控制网、国家水准网、基本重力网和卫星多普勒网；完成了国家大地网和水准网的整体平差、国家基本图的测绘工作；完成了珠穆朗玛峰和南极长城站的地理位置和高程测量；配合国民经济建设进行了大量的测绘工作，例如进行了南京长江大桥、葛洲坝水电站、宝山钢铁厂、北京正负电子对撞机等工程的精确放样和设备安装测量。在测绘仪器制造方面，现在不仅能生产系列的光学测量仪器，还研制成功各种测程的光电测距仪、卫星激光测距仪和数字摄影测量系统等先进仪器设备。在测绘人才培养方面，已培养出各类测绘技术人员数万名，大大提高了我国测绘科技水平。近年来，GPS 全球定位系统已得到广泛应用，国产 GIS 软件日愈成熟，我国的测绘科技水平正在迅速赶上并在某些方面开始领先于国际测绘科技水平 [1]。

4.1.4 城乡规划与建筑测绘技术的发展历程

测绘工作一直是城市规划和建筑设计中不可或缺的重要环节，测绘工作为规划设计和建筑设计提供准确的地理空间数据，帮助规划师和建筑师进行城市规划和建筑设计。

规划与建筑领域的测绘发展历程最早可以追溯到古代文明时期，在古代，人们开始意识到规划和测量的重要性。在古埃及和古希腊等文明中，人们已经开始使用简单的测量工具和方法来规划和建设城市，例如古埃及人使用尺子和绳索来测量土

---

[1] 杨松林，杨腾峰，师红云.测量学 [M].北京：中国铁道出版社，2013.

地和建筑物的尺寸以确保建筑物的稳固和城市的布局合理，古希腊人使用几何学原理进行测量和规划城市及建筑物，古罗马人则在建筑和土地测量方面取得了重要进展，开发了许多新的测量工具和技术。

随着时间的推移，规划与建筑测量的方法和技术逐渐得到发展和改进。中世纪的欧洲，建筑师和工程师开始使用更精确的测量工具，如罗盘和量角器等来测量和规划建筑物的方向和角度，达·芬奇和其他艺术家使用透视原理进行建筑绘图和测量，这对建筑设计和规划设计的发展产生了重要影响。

然而，测量技术真正的革命发生在工业革命时期，随着工业技术的进步，规划与建筑测量的方法和技术也得到了巨大的改进。工业革命带来了许多新的测量工具和技术，如全站仪和激光测距仪，使得建筑与规划测量更加准确和高效。新的工具和技术使得建筑师和工程师能够更好地规划和设计城市，确保规划的合规合理以及建筑物的质量和安全。

至今，规划与建筑测量的方法和技术也在不断演进和创新。现代的测量工具和技术，如卫星定位系统（GPS）和三维激光扫描仪，使得测量更加精确和全面。这些工具和技术不仅可以用于测量建筑物和土地的尺寸，还可以用于测量地形和地貌的变化，以及城市的发展和变化趋势。此外，数字化技术的发展也对规划与建筑测量产生了深远的影响，计算机辅助设计（CAD）和地理信息系统（GIS）等新兴技术的应用使得规划和测量工作更加高效和精确，建筑师和规划师可以使用这些工具来模拟和分析建筑物和城市的各种情景，以便更好地进行规划和设计。并且随着全球对环境和可持续发展的关注不断增加，规划和建筑测量也开始关注环境影响和资源管理等可持续性问题，测量技术的应用也扩展到了环境监测和生态系统管理等领域。

4.2 测量学的分支及主要内容

测绘学科是一门既古老而又在不断发展中的学科。按照研究范围和对象及采用技术的不同，可以分为以下多个学科。

4.2.1 大地测量学

大地测量学是一门研究和测定地球的形状、大小、重力场和地面点几何位置及其变化的理论和技术的学科。地球的形状以大地水准面为代表，是一个以南北极的连线为旋转轴、两极略为扁平、赤道略为突出的旋转椭球体，通过极轴的剖面是一个椭圆：地球的大小以椭圆的长半径 a（赤道半径）和短半径 b（两极半径）来表示。

地面点的几何位置有两种表示方法：①将地面点沿椭球法线方向投影到椭球面上，用该点的大地经纬度（B，L）表示该点的水平位置；用地面点至椭球面上投影点的法线距离表示该点的大地高程（H）；②用地面点在以地球质心为原点的空间直角坐标系中的三维坐标（x，y，z）表示。地面点的几何位置测定为大规模测绘地形图提供了平面控制网和高程控制网。

大地测量的传统方法有几何法、物理法以及近代产生的卫星法，它们分别成为几何大地测量学、物理大地测量学和卫星大地测量学（或称空间大地测量学）三个主要分支学科。在近代，随着大地测量点位测定精度的日益提高，使研究地球板块的移动和固体潮等天文和地质所引起的地理现象成为可能，由此引出一门新的学科——动态大地测量学。

4.2.2 摄影测量与遥感学

摄影测量与遥感学是一门研究利用摄影或遥感的手段获取地面目标物的影像数据，从中提取几何或物理信息，并用图形、图像和数字形式表达的理论和方法的学科，主要包括航空摄影测量、航天摄影测量、地面摄影测量等。航空摄影测量是根据在航空飞行器上拍摄的像片获取地面信息，测绘地形图。航天摄影是在航天飞行器（卫星、航天飞机、宇宙飞船）中利用摄影机或其他遥感探测器（传感器）获取地球的图像资料和有关数据的技术，是航空摄影的扩充和发展。地面摄影测量是利用安置在地面上基线两端点处的专用摄影机拍摄的立体像对所摄目标物进行测绘的技术。

4.2.3 工程测量学

工程测量学是一门研究工程建设和自然资源开发中各个阶段进行控制测量、地形测绘施工放样和变形监测的理论和技术的学科，是测绘学科在国民经济和国防建设中的直接应用。它包括规划设计阶段的测量、施工兴建阶段的测量和竣工后运营管理阶段的测量。规划设计阶段的测量主要是提供地形信息；施工兴建阶段的测量主要是按照设计要求在实地准确地标定出建筑物各部位的平面和高程位置，作为施工和安装的依据；运营管理阶段的测量是工程竣工后的测绘，以及为监视工程的状况，进行周期性的重复测量，即变形观测。高精度工程测量（或称精密工程测量）是采用精密的测量仪器和方法以使其测量的绝对精度达到毫米级以上要求的测量工作，用于大型精密工程及设备的精确定位和变形观测等。本书所学的传统聚落测绘技术多属于工程测量学领域。

4.2.4 海洋测绘学

海洋测绘学是一门研究以海洋水体和海底为对象所进行的测量理论和方法的学科，主要包括海洋大地测量、海底地形测量、海道测量、海洋专题测量等，其主要成果为航海图、海底地形图、各种海洋专题图和海洋重力、磁力数据等。与陆地测量相比，海洋测绘的基本理论、技术方法和测量仪器设备等有许多特点，主要是测区条件复杂，海水受潮汐、气象等影响而变化不定，透明度差，大多数为动态作业，综合性强，需多种仪器配合，并同时完成多种观测项目。一般需采用无线电卫星组合导航系统、惯性组合导航系统、天文测量、电磁波测距、水声定位系统等方法进行控制点的测定；采用水声仪器、激光仪器以及水下摄影测量方法等进行水深和海底地形测量；采用卫星技术、航空测量、海洋重力测量和磁力测量等进行海洋地球物理测量。

4.2.5 地图制图学

地图制图学是一门研究地图制图的基础理论、设计、编绘、复制的技术方法的学科，主要包括以下方面：

（1）地图投影——依据数学原理将地球椭球面上的经纬度线网投影在平面上的理论和方法；

（2）地图编制——研究制作地图的理论和技术；

（3）地图整饰——研究地图的表现形式，包括地图符号和色彩设计、地貌立体表示、出版原图绘制以及地图集装帧设计等；

（4）地图制印——研究地图复制的理论和技术，包括地图复照、翻版、分涂、制版、打样、印刷、装帧等工艺技术。

随着计算机技术引入地图制图中，出现了计算机地图制图技术。此时，地图是以数字的形式存储在计算机中，称之为数字地图；将数字地图在屏幕上按需要的各种方式显示，称为电子地图。计算机地图制图的实现，改变了地图的传统生产方式，节约了人力，缩短了成图周期，提高了生产效率和地图制作质量，并方便了对地图的使用。

测量学课程中的主要内容是测绘学科中基础理论和基础技术的一部分。其中涉及大地测量学中的地球基本形态的知识部分，工程测量学中的基本测量仪器、测量误差知识、控制测量、地形测量、施工测量的基本部分，以及摄影测量学和地图制图学的基础知识部分。国外同类书籍称之为"基础测绘学"（Elementary Surveying）。对于测绘工程专业，测绘学科中的大地测量学、摄影测量与遥感学、工程测量学、地图制图学等将作为后续的专业课学习。对于土木工程等专业，对上述测绘学科的内涵和发展简史的了解，在学习测量学课程时有助于掌握知识的深度以及了解测绘科学的系统性和完整性。

4.3　测量学的应用

4.3.1　交通工程与桥梁建设的测量学应用

铁路和公路等交通线路工程在建造之前，为了能设计一条经济且合理的路线，需要在地形图上进行规划；在路线的走向基本确定后，通过实地勘测，在路线所经的带状地形图上进行技术设计；然后将设计路线上的主要点位在实地测设，据此进行施工。线路工程在跨越河流时，需要建造桥梁，这就需要河流两岸一定范围内的地形图以及测定河床的断面图和流速流量等水文资料，为桥梁设计提供必要的地形数据；然后将设计的桥墩和桥台的位置在实地测设；所设计的桥梁上部结构（拱、梁、塔柱、拉索等）的正确安装定位，每一步都需要精确的测设。

4.3.2　民用建筑与市政工程的测量学应用

民用建筑、工业厂房和各种市政工程在设计时都需要有地形图和其他测量数据。例如居民点的住宅小区设计，必须在城市大比例尺地形图上根据城市道路的红线规划，在地块的界址范围内进行楼宇和内部道路的布置。施工时，要将设计的工程结构物的平面位置和高程在实地按设计数据测设。高层建筑，对墙、柱等承重结构构件的垂直度要求很高，需要用高精度的测量仪器进行测设；在工程完成后，还需要测绘竣工图，供管理维修、改建、扩建之用。对于建筑物和构筑物，在其建成以后还需要进行变形（沉降、倾斜、位移等）观测，以保证建筑物和构筑物的安全使用。

4.3.3　城市规划中的测量学作用

在城市规划、房地产开发、管理和经营中，城市道路红线规划图测绘、房地产图测绘和红线点、界址点的测设起着重要的作用。地籍图、房产图、红线点和界址点坐标提供了土地的行政界线、权属界线、土地和房屋的面积等重要资料。经政府规划部门和土地管理部门确认后，具有法律效力，可以保护土地使用权人和房产所有权人的合法权益，以及国家对房地产的合理税收。上述测绘资料也是城市基础地理信息系统的重要组成部分。由此可见，在国民经济发展中，测绘技术的应用甚为广泛[①]。

【课后习题】

1. 测量学的定义是什么？

2. 测量学有哪些主要的分支？

3. 测量学基本原理包含哪些主要内容？

4. 测量学在城乡规划和建筑设计中有哪些重要应用？

---

① 程效军，鲍峰，顾孝烈.测量学[M].上海：同济大学出版社，2016.

第 5 章
传统聚落测绘技术方法

【教学目的】通过本章的学习，了解传统测绘技术方法和新型测绘技术方法基本知识，掌握实用新型测绘技术。熟悉传统测绘技术方法的优劣势以及新型测绘技术方法的优势，学习新型测绘技术方法，掌握当下传统聚落不同要素对象的适用测绘技术。

5.1 传统测绘技术方法

测绘是工程建设中一项非常重要的作业，通过测绘人们能够清楚地知道某个物体的空间位置或者某个矿产的储量。一直以来测绘都是各种工程项目进行的先头兵，测绘质量的好坏直接关系到测绘成果的准确性。传统情况下人们采用手工测量的方式，需要投入大量的人力和物力，且获得的测量结果误差较大，不能满足现阶段人们对测绘的需求。随着科技的不断进步，卫星遥感技术和全球定位系统在测绘中得到了广泛的应用，实现了对各种数据信息的电子采集，然后依靠先进的计算机技术进行数据的分析和处理，实现了测绘工作的自动化和智能化[①]。

5.1.1 传统测绘技术工具

（1）钢尺和比例尺

传统测绘技术中常用钢尺和比例尺相结合完成相应的测量工作，测量过程中首先将要测量的土地划分成若干个不同的地块，然后分别测量每个地块的尺寸，将每个地块数据进行数学运算即得到需要测量的整个土地的数据。这种测量方法在规则形状的土地测量中得到了非常广泛的应用。

（2）经纬仪和钢尺

测量过程中如果地块的形状出现不规则的现象，用户不能够通过钢尺获得其相应数据信息，这时需要采用经纬仪。首先将经纬仪架设在要测量的不规则土地的拐点处，测量其角度，然后利用钢尺测量其相应的长度，通过公式计算得到要测量区域的面积总和。但是由于测量过程中建筑物的形状非常复杂，在拐点测量时遇到的困难较大。

---

① 庄香玉，贺筱晶. 数字化测绘技术跟传统测绘技术的对比分析 [J]. 科技资讯，2015（4）：1.

以上是传统测绘中经常使用的工具和技术，测量结果受人为因素的影响较大，特别是那些折线较多或者弧形的土地，每次测量所得到的测量结果不相同，容易引起纠纷和争议。随着时代的发展，土地管理工作中对土地测量结果的精确性要求越来越高，传统的测绘技术已经不能满足新时代测绘工作的需求，新的数字化测量技术逐渐发展起来，在测绘工作中占据着越来越重要的地位[①]。

5.1.2　传统测绘方法

通过全站仪、经纬仪、测距仪、钢尺、三角尺、卡尺、水平尺、重锤等工具测量，绘制包含形式、结构、构造节点及数量、比例等内容的测稿。对于古建筑中吻兽、脊饰、雕刻等图案、纹样及异形轮廓构件，应先测量定位尺寸，借助方格网表示。其适用于碎部测量，可大大加快成图的进度，而且精度也能得到保证。

5.1.3　传统测绘技术方法的优势

（1）稳定可靠

传统测绘技术方法经过长期的实践和验证，具有较高的稳定性和可靠性，并且传统测绘的仪器设备如全站仪、经纬仪等经过多年的发展和改进，已经非常成熟和可靠，不易受到外界环境的干扰，能够提供较为准确和可信的测量结果。

（2）灵活适用

传统测绘技术方法的操作相对简单，同时适用于各种不同的测量任务，包括地形测量、建筑测量、土地测量等。此外，传统测绘技术方法可以根据不同的测量要求和场地条件进行调整和优化，具有较高的灵活性，数据处理和分析的方法也相对简单，不需要过多的专业知识和技能。

（3）成本较低

相比于新型测绘技术方法，传统测绘方法的操作流程和步骤相对固定，易于掌握和应用，传统测绘技术方法所使用的测量仪器多为手持式或便携式，易于携带和操作。例如使用全站仪进行测量时，只需要进行简单的操作和设置即可完成测量任务，数据处理和分析也相对简单。

（4）保护隐私和安全

传统测绘技术方法相对于新型测绘技术方法来说，对个人隐私和安全的侵犯较少。传统测绘方法一般不涉及对个人隐私的侵犯，可以更好地保护相关利益。例如，

---

① 庄香玉，贺筱晶.数字化测绘技术跟传统测绘技术的对比分析 [J].科技资讯，2015（4）：1.

在土地测量中，传统测绘方法只需要测量土地的边界和地形等信息，较少涉及个人隐私。传统测绘技术方法的数据传输和存储相对简单，不容易受到黑客攻击和数据泄漏的风险。

5.1.4　传统测绘技术方法的不足

数字化测绘带动了测绘技术、设备和测绘仪的改革发展和更新，在以前传统测绘技术和设备的基础上，对理论进行了整合改进。传统的测绘工具和设备基本都是以手动化的标尺为主，运用平板仪、钢尺对测量目标地点进行测量，然后用数学运算按一定比例进行折合，再借助比例尺在图纸上绘制出平面图形。这是传统测绘技术中最基本的测绘方式，这种方式对于一般土地面积较小，地形结构较简单的地形进行勘测是有效的。除了这种最基础的测绘方式，传统测绘技术还改进研发了其他几种测绘方式，比如应用到经纬仪，计算出角度进行测量等，这些方式都是将难以测量的部分转化成另一种形式来进行测量。但这些改进后的测绘方式依然不能脱离传统测绘技术的本质，对于一些特殊、复杂、工程量大的测绘工程仍然相当于杯水车薪①。

5.2　新型测绘主要技术方法

5.2.1　无人机低空倾斜摄影测绘技术

无人机低空摄影测量技术，以获取高分辨率数字影像为应用目标，以无人驾驶飞机为飞行平台，以高分辨率数码相机为传感器，通过 3S 技术在系统中集成应用，最终获取小面积、真彩色、大比例尺、现势性强的航测遥感数据。作为卫星遥感与普通航空摄影不可缺少的补充，主要有机动性强、灵活性高和安全性好；低空作业，获取高分辨率影像；精度高，测图精度可达 1 : 1000；成本相对较低、操作简单；周期短、效率高等优点。无人机获取高分辨率影像数据，结合平面线划图数据可以直观、准确地描述对象的保存状况；结合地质、消防、环境专业形成面向传统村落保护的专题数据，环境整治、消防安全、地质灾害防治提供数据基础，形成全面的保护数据集。通过定期测绘，对传统村落重要元素进行监测，形成土地利用现状、建筑物变化、环境变化和保护状况变化的专题数据分析集。

---

① 庄香玉，贺筱晶.数字化测绘技术跟传统测绘技术的对比分析 [J]. 科技资讯，2015（4）：1.

无人机平台搭载各种传感器设备，这些设备中常见的有倾斜摄影相机、机载激光雷达、红外传感器、光学传感器等。在实际作业中，根据测量任务的不同，配置相应的任务载荷。下文主要介绍倾斜摄影相机、机载激光雷达。

（1）倾斜摄影相机

倾斜摄影技术是国际测绘领域近些年发展起来的一项高新技术（图5-1）。它颠覆了以往正射影像只能从垂直角度拍摄的局限，通过在同一飞行平台上搭载多台传感器，同时从不同的角度采集影像，将用户引入符合人眼视觉效果的真实直观世界[①]。倾斜摄影技术的主要特点：①反映地物周边真实情况；②倾斜影像可实现单张影像量测；③建筑物侧面纹理可采集。航空倾斜影像不仅能够真实地反映地物情况，而且还通过采用先进的定位技术，嵌入精确的地理信息，获取更丰富的影像信息、更高级的用户体验，极大地扩展了遥感影像的应用领域，并使遥感影像的行业应用更加深入。由于倾斜影像为用户提供了更丰富的地理信息、更友好的用户体验，该技术目前在欧美等发达国家已广泛应用于应急指挥、国土安全、城市管理、房产税收等行业[②]。

图5-1 无人机倾斜摄影影像获取示意图

① 韩友美，许梦兵，户忠祥，等.空地一体化快速实景建模技术探究 [J].测绘通报，2020（10）：85-88.
② 李琪.以"胸怀天下"的气魄来创业 [J].中国人才，2011（19）：77-78.

（2）机载激光雷达

激光雷达（LiDAR）是一种以激光为测量介质，基于计时测距机制的立体成像手段，属主动成像范畴，是一种新型快速测量系统，可以直接联测地面物体的三维坐标，系统作业不依赖自然光，不受航高阴影遮挡等限制，在地形测绘、气象测量、飞行器着陆避障、林下伪装识别、森林资源测绘等领域被广泛应用。激光雷达是可搭载在多种航空飞行平台上获取地表激光反射数据的机载激光扫描集成系统[①]。该系统在飞行过程中同时记录激光的距离、强度、GNSS定位和惯性定向信息[②]。作为一种主动成像技术，机载LiDAR在航空测绘领域具有如下特点：

①采用光学直接测距和姿态测量工作方式，被测对象的空间坐标解算方法相对简单，易于实现，单位数据量小，处理效率高，具有在线实时处理的开发潜力。

②由于采用了主动照明，成像过程受雾、霾等不利气象因素的影响小，作业时段不受白昼和黑夜的限制。因此，与传统的被动成像系统相比，环境适应能力较强。

③通过激光波段选择，可对海洋、湖泊、河流沿线浅水区域的水底地形结构进行立体测绘，这一能力是传统被动航空光学测绘装备所不具备的。

④测距分辨率高。结合距离测量技术，可对一定距离范围内的目标进行高精度测量。在森林生态结构分类、林下地表形态、森林资源储量、电力线路测绘等领域具有独特优势（图5-2）[③]。

图5-2　无人机机载激光雷达

5.2.2　近景摄影测绘技术

近景摄影测量是摄影测量与遥感的一个分支，是通过摄影手段以确定目标的外形和运动状态，与航空摄影测量的基本原理一样，只是应用场景不同，近景摄影测量多用于小范围高精度的测量及动态目标的快速测量，比如地形、古建筑、工业等领域测绘。近景摄影测量生成的高分辨率正射影像和平立面图，可以直观反映平立面保存状况，使保护工作更有针对性。平立面图和高分辨率正射影像是目前保护设计、保护工程实施的重要基础数据，而模型数据在存档、展示、保护工程实施中起到重要作用。近景摄影测量仪器比较灵活，相机或者手机均可满足摄影测量的要求（图5-3）。

---

① 王昕宁.基于ALS60的山西省高精度数字高程模型数据处理方法的探讨[J].测绘通报，2014（07）：78-81.

② 熊登亮，柯尊杰，陈舫益，等.机载LiDAR技术在测制城市1：1000地形图中的应用[J].勘察科学技术，2015（01）：44-46+58.

③ 李海星，惠守文，丁亚林.国外航空光学测绘装备发展及关键技术[J].电子测量与仪器学报，2014，28（05）：469-477.

图5-3 近景摄影测量相机及古井近景摄影模型

5.2.3 测绘辅助软件简介

（1）辅助制图软件

① CASS（计算机辅助制图和测量系统）

CASS 是一款常用于地形图绘制的软件，它结合了 AutoCAD 平台的功能，提供了一系列的工具和命令，专门用于测绘工作。该软件具有实用性强、功能全面等优点。

② DP-Mapper

DP-Mapper 是武汉天际航自主研发的一套大比例尺测图软件，提供基于三维模型、航空影像、地面影像、正射影像、点云数据的二三维采集编辑工具，有效提高测图精度及效率，成果可导出多种格式。该软件采集精度高、多源数据支持、采集功能高效。

③ EPS 三维测图系统

EPS 三维测图系统是山维科技基于 EPS 地理信息工作站研发的自主版权产品。系统提供基于实景三维模型（OSGB）、点云（LAS）、正射影像（DOM）、数字高程模型（DEM）、倾斜原始影像（JPG）等多源异构数据的二三维采编工具，支持大数据加载、高效采编，满足制图建库一体化。直接对接基础地形测绘、自然资源调查、三维不动产测量、多测合一、地理国情等专业应用[1]。

---

[1] 张兆鹏，张德成，朱新杰，等. 多技术交叉融合的地籍调查方法研究 [J]. 测绘科学，2022，47（05）：212-220.

（2）三维重建软件

① Context Capture

Context Capture 是一款可由简单的照片和点云自动生成详细三维实景模型的软件。该软件具有快速和自动化、生成三维模型真实性强、适应性强等优点。Context Capture 能够集成地理参考数据，精确测量各种空间信息。软件还具备自动空中三角测量和三维重建功能，能生成高精度的三维模型。

②大疆智图

大疆智图是一款以摄影测量技术为核心的三维重建软件，可支持各类可见光精准高效二三维重建、大疆激光雷达的数据处理。大疆智图与大疆行业无人机和负载可形成完美搭配，形成面向测绘、电力、应急、建筑、交通、农业等垂直领域完整的应用解决方案。该软件操作简易、处理速度快、精度高，是目前较为热门的软件。

（3）点云处理软件

① Cloud Compare

Cloud Compare 是一款开源的点云处理软件，它提供了丰富的点云数据处理功能，如点云配准、滤波、分割、测量等。由于其开源特性，Cloud Compare 深受研究人员和爱好者的喜爱，可以通过编写插件来扩展其功能。此外，Cloud Compare 还支持多种点云数据格式，使得数据交换变得非常方便。

② Geomagic Studio

Geomagic Studio 是一款专业的逆向工程软件，它提供了从点云数据到三维模型的完整解决方案。通过 Geomagic Studio，用户可以对点云数据进行去噪、简化、配准、曲面拟合等操作，最终生成可用于数控加工或 3D 打印的三维模型。该软件在工业设计、模具制造等领域有着广泛的应用。

③ Autodesk ReCap

Autodesk ReCap 是一款针对大规模点云数据的处理软件，它可以快速加载和处理海量的点云数据。ReCap 提供了点云分割、测量、标注等功能，并支持与其他 Autodesk 软件（如 AutoCAD、Revit 等）的无缝集成，使得点云数据可以轻松地应用于建筑设计、土木工程等领域。

④ Pointwise

Pointwise 是一款专注于网格生成和点云处理的软件，它提供了强大的点云插值、网格划分和表面重构功能。Pointwise 的独特之处在于其高度自定义的网格生成算法，用户可以根据需要调整参数来生成符合特定要求的网格。

⑤ MeshLab

MeshLab 是一款开源的三维网格处理软件，虽然它主要用于处理三维网格模型，但也支持点云数据的处理。MeshLab 提供了丰富的点云滤波、配准、重采样等功能，并支持多种点云数据格式的导入和导出。

5.2.4 新型测绘技术方法的优势

（1）高精度和高效率

新型测绘技术方法通过引入先进的仪器设备和算法，大大提高了测绘的精度和效率，例如，全球卫星导航系统（GNSS）和惯性导航系统（INS）的结合，可以实现对地球上任意点的高精度定位和导航；激光雷达和高分辨率遥感技术的应用，使得测绘人员能够在较短的时间内获取大量的地理信息。这些新技术的引入不仅提高了测绘工作的准确性，还大大缩短了测绘周期，为工程建设和规划提供了更可靠的数据支持。

（2）多源数据融合

新型测绘技术方法可以将多种数据源进行融合，从而获取更全面和准确的地理信息。传统测绘方法往往只能通过实地测量获取局部地理信息，而新技术则可以通过遥感、卫星图像、地理信息系统等多种数据源的融合，实现对整个地区的综合测绘。例如，在城市规划中，可以通过将激光雷达数据与卫星图像进行融合，得到城市地貌的三维模型，为城市规划和土地利用提供更准确的基础数据。

（3）实时监测和变形分析

新型测绘技术方法可以实现对地球表面的实时监测和变形分析。传统测绘方法需要周期性地进行测量，而新技术可以通过连续记录和分析数据，实时监测地球表面的变化。例如，在地质灾害监测中，可以通过激光雷达和遥感技术实时获取地形的变化信息，从而及时预警和采取措施。此外，还可通过对历史数据的分析，进行地质变形的模拟和预测，为地质灾害的防治提供科学依据。

（4）多领域应用

新型测绘技术方法在多个领域都有广泛的应用。除了在工程建设和规划中的应用外，新技术还可以在交通运输、环境保护、农业和资源勘探等领域发挥重要作用。例如在交通运输领域，新技术可以通过实时监测和分析交通流量，优化交通信号控制和道路规划，提高交通运输的效率和安全性，而在环境保护方面，新技术可以通过遥感和地理信息系统的应用，实现对环境污染和自然资源的监测和管理。

5.3 传统聚落轻量化测绘技术

传统聚落可分为传统乡村聚落和传统城镇聚落两大体系。本书所关注的传统聚落主要是具有乡村乡土特征的传统乡村聚落，其中，传统村落是传统乡村聚落中具有较高历史、文化、科学、艺术、社会、经济价值的那一部分，通常保存着较为完整的历史建筑、传统风貌和民俗文化等，是传统乡村聚落中的精华和典型代表。

目前，全国有六批共计 8155 个村落入选"中国传统村落名录"，数量庞大的中国传统村落涵盖了全国除港澳台之外的所有省份，形成了世界上规模最大、内容价值最丰富的活态农耕文明聚落群。传统村落保护工作迫切需要进行，近年来随着传统村落数字化保护兴起，我国也于 2017 年正式启动中国传统村落数字博物馆建设工作，传统村落数字化采集、处理和数字化展示传播都需要对传统村落进行高效率高精度测绘，以获取传统村落包括村域、村庄、建筑、历史环境和公共服务设施等在内的详细、全面、真实的数字化信息数据。面对如此多的传统村落，急需对其进行高效测绘和成果转化，如何利用好新型测绘技术是当前亟待探讨的课题。

5.3.1 传统聚落测绘难点

（1）可达性难点

传统聚落根植在数千年的中华文明土壤中，往往因为地势险要、交通不便、可达性低等原因，留存了特色鲜明而珍贵的物质和非物质文化遗产。本课题选取的典型案例村均位于山区，村域许多地方地形险要、不易到达，一定程度上给无人机飞行高度控制和布设地面像控点带来难度。

（2）空间性难点

村庄依山而建，民居四周难以环通，加上近年来农村人居环境改善中各项建设迅速推进，其中电力、电讯等各种管线往往采取架空穿越的方式，在村庄的上方形成空中线网。理想的近景摄影等手法往往难以达成目标。这种条件下，三维扫描技术有一定优势，但设备价格较高，普及不高。

5.3.2 传统聚落对轻量化测绘技术的需求

（1）快速形成工作地图的需求

当前传统聚落地形图存在普遍缺失、老旧等问题。特别是近些年随着村落快速建设发展，原始地形图、传统建筑分布图等基础工作底图底数存在规格不统一，与现代高效率工作、精准制定并落实规划相矛盾等问题，已经不能满足现代化社会需要，因此快速形成传统聚落工作底图底数的方法迫切需要。

（2）全面掌握村域、村落情况的需求

当下村落信息较为全面，村域信息较薄弱，传统村落轻量化测绘技术，有助于及时实时了解村庄、村域的自然资源状况，高清影像、地表模型、三维数据等测绘产品也可辅助自然资源现状调查工作，为乡镇国土空间规划等相关规划提供基础。

（3）数字化应用的需求

2017年正式启动中国传统村落数字博物馆建设工作。对于传统聚落的科学研究、保护发展、数字化展示传播等工作，传统聚落轻量化测绘都是前提和基础，对传统村落进行数字化信息采集、数字化处理，并搭配应用软件可实现在线旅游、数字化传播民族文化等。

（4）开展演变监测的需求

传统聚落保护工作虽然开展已久，保护模式多种多样，但不能否认的是传统聚落因形成年代久，加之受现代化建设的冲击、建设性破坏等，使传统聚落风貌格局、传统建筑受侵蚀破坏等依旧十分严重，传统聚落监测显得十分必要，首先是监测，其次是控制，通过监测的手段达到控制的目的。轻量化测绘技术是一种行之有效的手段，通过定时数字化采集，发现规律，以便制定有针对性的保护策略。

5.3.3 传统聚落轻量化测绘技术概念

传统聚落测绘中外业便携式设备的轻量化、内业制图的自动化减轻内业强度的轻量化、工作任务选择恰当不过载的轻量化、多测融合的集成技术，能够快速达成测绘目的集成测绘技术。

（1）外业便携式设备的轻量化

外业便携式设备的轻量化主要指包括无人机、三维激光扫描及全站仪等在内的轻量化设备，由于传统聚落地理环境多特殊，外业测绘设备轻量化能够大大减轻测绘人员的体力消耗，此外设备也易操作，容易在野外使用。传统聚落测绘中的外业设备主要有：高精度航测无人机（图5-4、表5-1）、三维激光扫描仪（图5-5、表5-2、表5-3）、量测摄影机、皮卷尺、激光测距仪、移动图形工作站等。

图5-4 大疆精灵 Phantom4 RTK

大疆精灵 Phantom4 RTK 主要参数　　　　　　表 5-1

类别	名称	技术参数
多旋翼高精度航测无人机	飞行时间	约 30min
	地面采样距离	（H/36.5）cm/pixel H 为飞行器相对于拍摄场景的飞行高度（单位：m）
	采集效率	单次飞行最大作业面积约 1km²
	可控转动范围	俯仰：-90° 至 +30°
	FOV	前 / 后：水平 60°，垂直 ±27° 下视：前后 70°，左右 50°
	影像传感器	1 英寸 CMOS；有效像素 2000 万
	镜头	FOV84°；8.8mm/24mm（35mm 格式等效）； 光圈 f/2.8-f/11；带自动对焦（对焦距离 1m-∞）
	ISO 范围	视频：100~3200（自动），100~6400（手动） 照片：100~3200（自动），100~12800（手动）
	快门	8~1/8000s
	照片最大分辨率	4864×3648（4:3）；5472×3648（3:2）

图 5-5　徕卡 RTC360 三维激光扫描仪

徕卡 RTC360 三维激光扫描仪主要参数　　　　　　表 5-2

类别	名称	技术参数
三维激光扫描仪	测距范围	0.5~130m
	扫描速度	2000000 点 /s
	视场角	水平：360° 垂直：300°
	测角精度	18°
	测距精度	1mm+1×10⁻⁵mm
	激光波长	1550nm（不可见）

OKIO-5M-100 工业三维扫描仪主要参数 表 5-3

类别	名称	技术参数
三维激光扫描仪	测量范围	100mm × 75mm
	测量精度	0.015mm
	平均点距	0.04mm
	扫描速度	小于 1.5s
	精度控制方式	内置 GREC 全局误差控制模块 支持三维摄影测量系统（照相定位）
	数据输出格式	ASC、STL、OBJ、OKO

（2）内业制图的自动化减轻内业强度的轻量化

相对于传统内业数据处理建模等，现代轻量化测绘内业数据处理更智能，比如无人机低空倾斜摄影，通过外业数据采集，内业搭配三维实景建模软件 Context Capture、大疆智图等，很大程度上可以自动化实现模型构建，省时省力。传统聚落内业制图设备主要有 Dell T7920 图形工作站、GDI 曼恒 MR-GROUP 伍境沉浸式五人协同交互装备，集群运算和 VR 显示装备如图 5-6 所示。

图 5-6 MR-GROUP 伍境集群运算和沉浸式五人协同交互装备

该装备主要由五套图形工作站和 VR 装备组成。通过整合操作手柄和头戴式设备的 360° 精确追踪技术，实现 3D 画质、立体音效。产品帮助用户进行基于真实物理空间定位的小组式多人协同工作。同时可统一虚拟与现实空间的相对位置关系。

通过该装备可进行摄影测量的空中三角测量和三维实景建模的集群运算,解算软件采用 Context Capture Center V4.4、Photoscan 等。

(3)工作任务选择恰当不过载的轻量化

结合工作任务目标要求,选择适合的轻量化测绘技术是关键,避免任务量过载而费时费力。

(4)多测融合的集成技术

充分了解各种轻量化测绘技术特征,在实际测绘中充分融合多种测绘技术协同配合。

5.3.4 传统聚落轻量化测绘技术选择

在传统测绘技术与现代测绘技术的选择中,我们可以分析实际测绘情况和测绘对象,选择不同的技术或多个技术组合。在面对传统聚落这类具有深厚历史文化价值且地形复杂的测绘对象时,组合技术能展现出独特的优势。对于小规模、复杂地形的建筑、街巷等,以传统测绘技术为主,通过深入细致地描绘聚落内的建筑、道路和地形特征,辅以现代测绘技术进行快速验证和补充,确保测绘成果的准确性和完整性。对于大范围的、需要快速建库的传统聚落,我们则可以充分利用现代测绘技术的高效性,快速获取聚落的整体布局和周边环境信息,再结合传统测绘技术对关键区域或重要建筑进行精细化测量。因此,合理选择测绘技术不仅提高了测绘工作的效率和准确性,也为传统聚落的保护与开发提供了更全面、可靠的测绘成果(表5-4)。

传统村落轻量化测绘技术选择   表 5-4

测绘需求	技术选择					备注
	传统测绘技术	低空倾斜摄影测绘技术	实时动态测量技术(RTK)	近景摄影测绘技术	三维激光扫描技术	
村域地理环境测绘	●	√	√	○	○	
聚落选址环境测绘	○	√	√	○	○	√推荐 ●适用 ○条件选用 (技术、培训、经费等)
聚落集中区测绘	○	●	√	●	●	
聚落建筑测绘	√	●	●	√	√	
聚落历史环境要素测绘	√	○	√	√	●	

【课后习题】

1. 传统测绘技术包含哪些内容？

2. 现代测绘技术主要有哪些内容？

3. 传统聚落测绘主要有哪些难点？

4. 传统聚落轻量化测绘有哪些技术特点？

第 6 章
传统聚落轻量化测绘操作指南

　　【教学目的】本章主要通过了解传统聚落测绘的基本流程和注意事项，利用相关的操作技术标准，可以独立或者合作性开展传统聚落测绘的任务。首先了解传统聚落测绘的基本流程和任务前、中、后期应准备的事宜，从而对实地踏勘作好充足的准备工作。之后通过了解现有的四种测绘法的技术准备、外业测绘以及数据处理，从而全方位熟悉实际测绘的操作指南。特别是掌握几种测绘法结合的三维实景模型的制作，这是测绘几大图纸的基本工作内容。

6.1 基本流程

6.1.1 测绘基本流程

传统聚落的测绘需要全方位考虑各个要点，其中包括村域环境测绘、村庄测绘、建筑测绘、历史环境要素测绘和文化空间（场所）测绘，总共五个方面。为完成这项任务，需要综合运用多种测绘技术方法，生成一系列测绘图纸，包括数字线划地形图、正射投影图、传统村落总体分布图、传统建筑测绘图、村域环境分析图和历史环境要素分布图。

在开展传统聚落测绘工作时，需要遵循特定的测绘流程，详见图 6-1。首先，按照测绘任务书的要求，编写一份详细的计划书。计划书应包括测绘成果的主要内容，内外业人员的参与计划，测绘的时间安排以及适用的测绘技术。在计划书的指导下，实地踏勘工作是必不可少的，以确保在实际测绘前对现场有充分了解。根据测绘任务书上提供的聚落概况，需要收集和准备基础资料。这些资料包括聚落的基本信息、历史沿革等，这些信息有助于确定测绘的具体类型。此外，还需要收集聚落的建筑类型和数量，了解不同民族和地域特性建筑的建造方式。

目前测绘领域已有多种测绘技术和测绘设备供选择，按照对聚落的实地踏勘情况，选择出适合的内外业设备器械，在工作前对其进行检查，并对相应测绘人员进行培训。做完前期准备工作，测绘人员开始外业实地测绘工作，低空倾斜摄影测绘、近景摄影

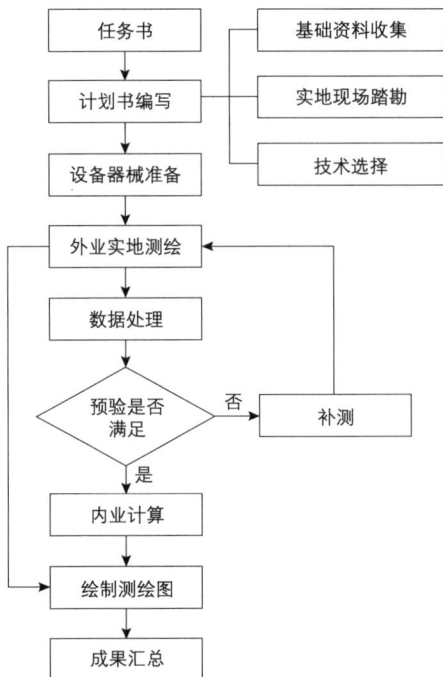

图 6-1　测绘基本流程图

测绘、三维激光扫描仪技术、传统测记法等方法，对现场进行数据采集工作，过程中应该控制数据的质量。将采集的数据带回并利用工作站进行处理，如有条件也可在现场利用移动工作站处理并预验。预验结果不满足时应做第二次外业测绘直至结果满足计算。

待完成所有外业测绘工作后，则开始做内业的计算工作，运算软件通常采用Context Capture Center V4.4、Photoscan 等。绘制测绘图的工作也伴随进行，这一步通常是和内业计算工作同步，所有成果内容及电子文档的格式应满足相应的规范。

6.1.2　任务书与计划书编写

（1）任务书编写

测绘任务书应具有测绘工作指导性和目标性，内容包含以下部分：

①测绘目的与要求：描述该次测绘任务目的与要求；

②测绘基地的概况：描述需测绘的传统聚落的区位、地理坐标的位置，评估海拔的高度，大致地形地貌的特点，整个村域的面积等一些基本信息；

③工作技术依据：提供需要学习和掌握的技术指南、技术规程以及技术规定等，参考的技术标准详见附录；

④测绘的工作内容及技术要求：表述明晰本次测绘任务需要完成的工作内容，技术要求上清晰要求使用的坐标系统以 2000 国家大地坐标系为准，高程系统采用1985 国家高程基准，同时还应在精度上有所要求；

⑤测绘成果内容和要求：内容上一般有聚落概况、野外数据采集成果资料、根据不同类型聚落应有的各类数据测绘图纸，囊括电子版和纸质版、专业的技术总结；

⑥时间要求：根据测绘任务明确表明检查验收的时间和最终成果提交的时间，此板块的要求将直接影响计划书的撰写以及时间、人员等安排情况。以传统聚落测绘任务书为例如下（表 6-1）。

任务书样表　　　　　　　　　　　　表 6-1

传统聚落测绘任务书
一、课程教学目的 　　提高学生对我国乡村传统聚落和传统建筑的综合认识。通过该门课掌握无人机测图系统、三维扫描测绘法、传统建筑测绘法等测绘方法，学生对实际建筑对象的现场调查、测绘，以印证、巩固和提高所学的理论知识，加深对传统聚落和传统建筑的群体组合、设计手法、结构特点及装饰特征的理解。同时将聚落中保留下的重要建筑实物按比例绘制成档案性图纸，为传统建筑保护与科研作出贡献。
二、测绘基地概况 　　描述清楚需测绘的传统聚落的区位、地理坐标的位置、评估海拔的高度、大致地形地貌的特点、整个村域的面积等基本信息。

续表

三、工作技术依据

测绘工作过程依照国家专业技术标准执行，参考的技术标准详见本书后附录 A。

四、测绘工作内容及技术要求

1. 学生分组完成测绘工作，原则上 5~6 人一组。
2. 实地考察学习传统聚落的布局，传统建筑的结构形式、装饰特征。要求对测绘对象历史沿革、聚落形态、传统建筑艺术风格、建筑技术成就做出完整调查，形成调查分析，和测绘图一起作为成果上交。
3. 传统聚落测绘类型：□全面测绘   □典型测绘   □简略测绘
4. 平面坐标：2000 国家大地坐标系。
5. 高程系统：1985 国家高程基准。
6. 各类图纸精度要求：

村域数字线划地形图	1：2000 或 1：5000	村落选址与格局分析图	1：5000
村域正射投影图	1：5000	传统建筑分布图	1：500 或 1：1000
村域环境分析图	1：5000	建筑总图	1：100 或 1：200
村域三维实景模型		典型传统建筑平面图、立面图、剖面图	1：100 或 1：200
数字线划地形图	1：500 或 1：1000	建筑构造详图	1：50 或 1：100
正射投影图	1：2000	历史环境要素分布图	1：500 或 1：1000
传统村落鸟瞰图		历史环境要素测绘图	1：50 或 1：100
传统村落总体分布平面图	1：5000	历史环境要素三维实景模型	

五、测绘成果内容和要求

1. 测绘实践总结报告一份；
2. 传统聚落调查表一份；
3. 野外数据采集资料一份；
4. 传统聚落测绘图纸一套（纸质版 A3 装订和电子版）：

（必选）：□村域正射投影图   □正射投影图   □典型传统建筑平面图、立面图、剖面图
　　　　　□历史环境要素测绘图

（可选）：□村域数字线划地形图   □数字划线地形图   □村域环境分析图
　　　　　□村域三维实景模型   □传统村落鸟瞰图   □传统村落总体分布平面图
　　　　　□村落选址与格局分析图   □传统建筑分布图   □建筑总图
　　　　　□建筑构造详图   □历史环境要素分布图   □历史环境要素三维实景模型

六、时间要求

工作时间：××××年××月××日至××××年××月××日（共计 8 天）

序号	内容	时间（天）
1	测绘任务书讲解	0.5
2	计划书编写及准备工作	0.5
3	实地外业测绘	2
4	内业计算	2
5	测绘图绘制	2
6	成果汇总整理	1

注：测绘工作时间安排为 8 天，各组可以根据实际天气情况动态调整测绘工作安排。

（2）基础资料收集

收集测绘聚落的相关资料，包括聚落历史沿革、现状描述等研究记录资料，传统聚落档案、保护发展规划等档案资料，测区1：10000或更大比例的地形图、数字高程模型等数据资料。可以采取实地踏勘、查阅文献资料、寨老及非遗传承人访谈、摄影摄像记录等方式获取调查信息。调查相关文献资料，包括志书、族谱、历史舆图、碑刻题记、地契、匾联等；吟咏描述聚落风物的诗词、游记等；聚落沿革、变迁、重要人物、重大历史事件等，在历史上曾起过的重要职能、传统产业等的相关图、文、音像资料；当代有关聚落研究的论文、出版物等资料。上述资料以拍摄、扫描等电子化方式作为档案附件；对篇幅较大难以电子化的当代出版物，注明出处、藏处[①]。对主要信息进行必要的整理和汇编。

（3）实地现场踏勘

在资料收集的基础上，测绘外业工作进行前应至少到现场踏勘一次，必要的话，还可以进行两次或更多。工作人员需对摄区和周围进行实地踏勘，采集地形地貌、地表植被，以及周边的机场、重要设施、城镇布局、道路交通、人口密度等信息，为起降场地的选取、航线规划、应急预案制定等提供资料。实地踏勘时，应携带手持或车载GPS设备，记录起降场地和重要目标的坐标位置，结合已有的地图或影像资料，计算起降场地的高程，确定相对于起降场地的航摄飞行高度。其目的是：确定设备能否适应摄区环境；判断是否具备空域条件；用于航摄技术设计；制定详细的项目实施方案。实地了解传统聚落测绘作业区的地形概况、地貌特征、气候及交通情况，并核对已有资料的真实性和适用性。对于传统聚落的基本情况信息收集有两种形式，第一种是描述类传统聚落信息记录，所有资料采用文字的形式记录，第二种是按照传统村落申报档案形式，核对并不断修正传统聚落基本情况（表6-2）[②]。

传统聚落基本情况表　　　　　　　　　　　　　　　　表6-2

聚落名称	聚落属性		□行政村　□自然村
行政区划	××省××市（州）××县××镇（乡）		
地理信息	经度：	聚落形成年代	□元代以前　□明代 □清代　□民国时期 □新中国成立以后
	纬度：		
	海拔：		

---

① 中国传统村落数字博物馆网站，中国传统村落档案制作要求。

② 国家测绘局. 无人机航摄安全作业基本要求 CH/Z 3001—2010[S]. 北京：测绘出版社，2010.

续表

镇域／村域面积	××平方公里	镇区／村庄占地面积	××亩
户籍人口	×××人	地形地貌特征	□高原 □山地 □平原 □丘陵 □河网地区
常住人口	×××人	主要民族	××族
聚落是否列入各级保护或示范名录	列入历史文化名村： □国家级 □省级 列入特色景观旅游名村：□国家级 □省级 列入少数民族特色村寨试点示范： □是 □否 其他，请注明名称及由哪一级认定公布：		
聚落简介			
备注	调查人：_____ 日期：_____		

（4）计划书编写

根据测绘任务书的内容，乙方测绘人员或测绘单位将撰写测绘计划书。内容上涵盖有：

①测绘目标及范围：参照任务书给予的地块概况，阐明测绘的传统聚落具体目标，测绘成果所需达到的成效，并详细画出目标测绘聚落的测绘红线范围；

②测绘内容、成果及考核指标；

③技术选择及测绘方案；

④参考（引用）文件：除任务书推荐的技术文件，还应结合采用的测绘技术，再增添可选用的技术文件给内外业人员作参考；

⑤质量保证措施和要求；

⑥测绘项目组成员及职责；

⑦测绘项目进度计划；

⑧安全事故应急处理预案。

6.1.3 技术设计

根据测绘需求、精度指标及测量方法，所需的测绘设备器材，其规格型号、数量和技术性能指标应满足任务的要求。选择符合要求并在检定合格有效期内的仪器设备，确保设备器材及备品、备件准备充足，应对选用的设备进行检查和调试，使其处于正常状态。

6.2　低空倾斜摄影操作指南

6.2.1　技术准备

在进行低空倾斜摄影测绘之前，要制定详细的计划。这包括确定飞行区域、飞行高度、摄影设备、飞行轨迹等。确保符合飞行法规和安全标准。同时，检查并准备摄影设备，包括相机、倾斜测量装置等。

测绘范围包含村域、村庄（村寨），测绘要素包括山、水、林、田、湖、草、路等影响村落选址的环境要素，以满足村域和村庄建档、环境调查、传统聚落选址调查和进行保护发展规划、决策咨询等要求。

6.2.2　外业测绘

（1）航飞像控点模式

航飞像控可以采用先航飞后测量像控点、先布设像控点后航飞、采用无人机网络 RTK 实现免像控三种模式。

①像控点布设

布设控制点应满足下列条件：

a. 在选择像控点时，应充分考虑布点要求，将像控点的布设与布点方案结合在一起，选择地形测量对空通视良好且可以明确辨认的地物点和目标点；

b. 布设的标志应对空视角好，避免被建筑物、树木等地物遮挡；黑白反差不大，地物有阴影以及某些弧形地物不应作为控制点点位目标；

c. 像控点应保证航向及旁向 6 片或以上重叠，使布设的控制点尽量公用；

d. 控制点应避开相片边缘畸变差较大区域；

e. 控制点应布设在旁向重叠区域中线附近；

f. 布点困难时，可稍偏离规定区域，但不能省略。

g. 航摄相片控制点的选取还需满足以下几个标准：像控点应尽量布设在航向旁向重叠的公共区域使控制点能够公用；控制点应选在旁向重叠中线附近，离开中线的距离不应大于 3cm，当旁向重叠过大或过小而不能满足要求时，应分别布点；

h. 控制点距相片边缘不小于 1.5cm，距相片的各类标志不小于 1mm；

i. 位于自由图边的控制点，应布设在图廓线外（图 6-2）；

j. 飞后像控点点位应布设在影像清晰、接近正交的地面特征点，如停车线、水泥路角的直角处，或其他地物的明显角点处。飞前像控点的点位应平整、开阔无遮挡，

图6-2　某村庄像控点布设方案基本图式

图6-3　现场像控点示例

采用"十"字、"L"字等易分辨的形状，且颜色与背景底色区分明显[①]（图6-3）。

②免像控点布设

在出发外业测绘前，需先将飞行区域输入测图仪的任务栏，可以在机上直接操作或使用工作站将地图导入。

村域面积较大时，建议采用大区分割模式，单分区面积小于1平方公里。一控多机模式起飞点应尽量位于分区测绘任务中部位置（图6-4）。根据项目的紧急性和优先级，合理划定飞行任务的顺序。对项目地区的地形和地貌进行详细分析，特别关注山脉、水体、建筑物等特征，以指导飞行路径的选择。考虑目标区域的地物分布，包括建筑、树木、道路等，以确定合适的航线规划。根据当地航空管理局的法规，了解飞行区域的空域限制，确保符合法规的要求。

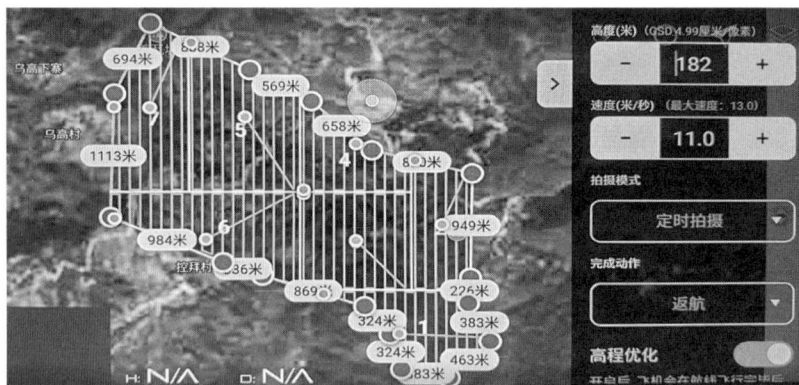

图6-4　某村域测绘大区分割参数示意图

---

① 国家测绘局测绘标准化研究所. 1：500　1：1000　1：2000地形图航空摄影测量外业规范 GB/T 7931—2008[S]. 北京：中国标准出版社，2008.

（2）外业测绘时注意事项

①根据无人机的起降方式，寻找并选取适合的起降场地，常规航摄作业，起降场地应满足以下要求：

a. 距离军用、商用机场须在10km以外；

b. 起降场地相对平坦，通视良好；

c. 远离人口密集区，半径200m范围内不能有高压线、高大建筑物、重要设施等；

d. 地面应无明显凸起的岩石块、土坎、树桩、水塘、大沟渠等；

e. 附近应无正在使用的雷达站、微波中继、无线通信等干扰源，在不能确定的情况下，应测试信号的频率和强度，如对系统设备有干扰，须改变起降场地；

f. 无人机采用滑跑起飞、滑行降落的，滑跑路面条件应满足其性能指标要求。

g. 地表无起飞条件时，可采用机箱放平作为起飞平台，或让经过培训的人员，在确保安全的前提下，使用合适的方法和工具来协助无人机起飞[1]（图6-5）。

图6-5　起降条件困难时的处理方式

②根据项目要求选择适当的倾斜摄影设备，包括相机的分辨率、感光度等。确保飞行器的性能符合项目需求，包括续航能力、稳定性等。飞行前应做好充足的检查，在无人机飞行操作前要对无人机各个部件做相应检查，无人机的任何一个小问题都有可能导致无人机在飞行过程中发生事故。因此在飞行前应做好飞行检查，防止意外发生。飞行前检查项目有：

a. 遥控器、智能飞行电池及移动设备是否电量充足；

b. 云台卡扣是否已解除，摄像头及TOF模块保护玻璃片是否清洁；

---

[1]　国家测绘局. 无人机航摄安全作业基本要求CH/Z 3001—2010[S]. 北京：测绘出版社，2010.

c. 螺旋桨是否正确安装；

d. 确保已插入 Micro SD 卡；

e. 电源开启后相机和云台是否正常工作；

f. 开机后电机是否能正常启动；

g. 地面站 App 是否正常运行。

③指南针校对。对于长时间未使用的无人机，经常需要重新校准指南针。请选择空阔场地，根据操作界面上的步骤校准指南针。

④航飞作业区是否涉及禁飞区。禁飞区包括机场限制飞行区域及特殊飞行限制区域。可以在各无人机系统中查看限制飞行区域。

⑤在实际操作飞机时还要考虑到整个飞行的环境，通常要求如下：

a. 恶劣天气下请勿飞行，如大风（风速五级及以上）、下雪、下雨、有雾天气等；

b. 选择开阔、周围无高大建筑物的场所作为飞行场地，因为大量使用钢筋的建筑物会影响指南针工作，而且会遮挡 GPS 信号，导致飞行器定位效果变差，甚至无法定位；

c. 飞行时，请保持在视线内控制，远离障碍物、人群、水面等；

d. 请勿在有高压线、通信基站或发射塔等区域飞行，以免遥控器受到干扰；

e. 在海拔 6000m 以上飞行，由于环境因素导致飞行器电池及动力系统性能下降，飞行性能将会受到影响，须谨慎飞行。

f. 为保证飞行安全，保证像片质量、提高内业测图的判读精度以及 DOM 的清晰度，航飞时应选择少云、无雾霾、微风或无风的晴天。为避免太阳阴影影响空三加密精度，航飞的时间以 10 点到 14 点为宜。

g. 采用具备网络 RTK 功能的便携无人机低空影像采集。网络 RTK 定位悬停精度可达垂直 ±0.1m，水平 ±0.1m。建议飞行高度 182m 以下，地面采样距离为 5cm/pixel。地形受限等特殊情况下可适当提高。

h. 地形起伏较大时，建议采用仿地飞行或相对高度飞行。确保测区航向重叠率和旁向重叠率，要有预案（图 6-6）。

i. 山区雨雾较多，阴晴变化较快。应提前做好计划并随时观察天气变化状况，飞行距离一般在 1km 以内。

（3）影像质量要求

影像质量应满足以下要求：

①影像应清晰，层次丰富，反差适中，色调柔和；应能辨认出与地面分辨率相适应的细小地物影像，能够建立清晰的立体模型。

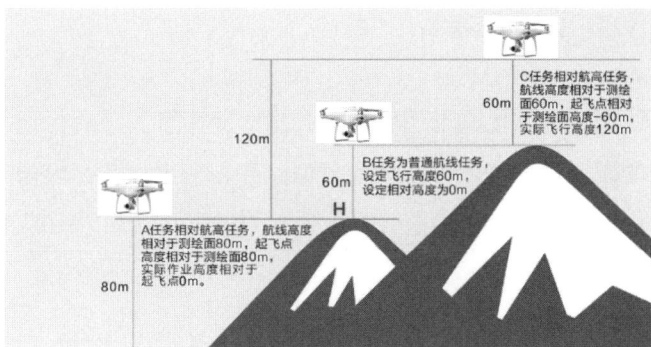

图6-6 无人机相对高度飞行示意图

②影像上不应有云、云影、烟、大面积反光、污点等缺陷。虽然存在少量缺陷，但不影响立体模型的连接和测绘，可以用于测制线划图。

③确保因飞机低速的影响，在曝光瞬间造成的像点位移一般不应大于1个像素，最大不应大于1.5个像素。

④拼接影像应无明显模糊、重影和错位现象。

6.2.3　航片内业数据处理

航空相片外业数据采集完成后，首先要对获取的影像进行质量检查，对不合格的区域进行补飞，直到获取的影像质量满足要求。当相片数据符合要求后可在建模软件中导入所有的相片数据，通过格式转换、旋转影像、畸变差改正、增强处理等步骤进行数字航片的内业整理（图6-7）。

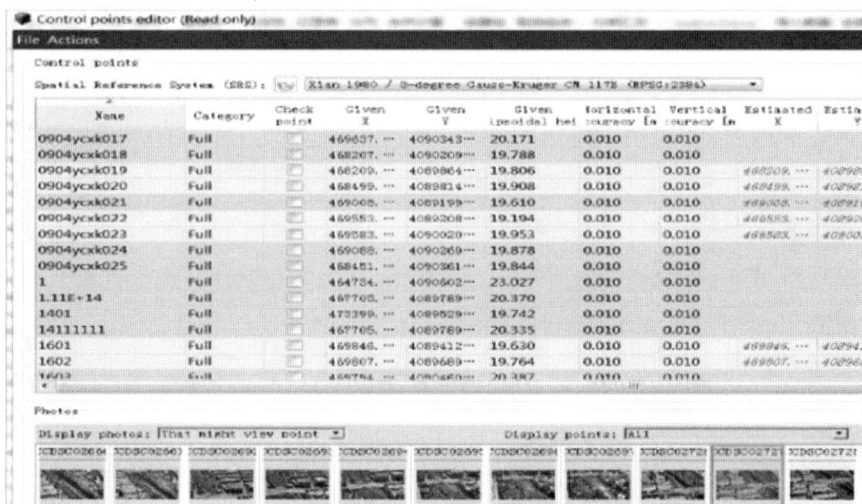

图6-7　空三控制点导入及刺点

6.3 近景摄影测绘操作指南

选取典型建筑进行单体化精细建模，无人机倾斜摄影测量后得到的单体化模型无法满足研究需求的原因是：地面区域精度较低，存在局部拉花、模糊的情况，同时无房屋内部数据。故对典型建筑还需进行近景摄影测量以弥补倾斜摄影测量的不足。

6.3.1 技术准备

近景摄影测绘是一种在相机与目标之间较短距离内进行的摄影测量技术，通常用于对小范围对象的高精度三维建模。建筑细部测绘要素包括建筑的代表性部位、典型构件及其空间位置关系，如建筑柱网、墙体、步架、门窗、屋脊等。为传统建筑测绘图等提供基础数据历史环境要素的近景测绘包括古井、古树、风雨桥、祠堂、庙宇等。适用于近景摄影测绘的高分辨率相机，具有较好的光学性能和稳定性，可以使用稳定的三脚架或支架来固定相机，以防止摄影时的晃动。

6.3.2 外业测绘

在确定好目标物后，清理摄影场地确保目标表面干净，以获取清晰的图像。为了之后方便图像匹配与测量，可以在目标上设置标志物。根据项目要求和相机性能，选择适当的光照条件，避免强烈的阴影和过度曝光。规划摄影视场，确保足够的重叠度以支持后期的图像匹配和测量。拍摄前需要调整相机参数，包括快门速度、光圈和 ISO 等，以确保获得清晰、明亮的图像。对于有倾斜或弯曲表面的目标，可以使用透视校

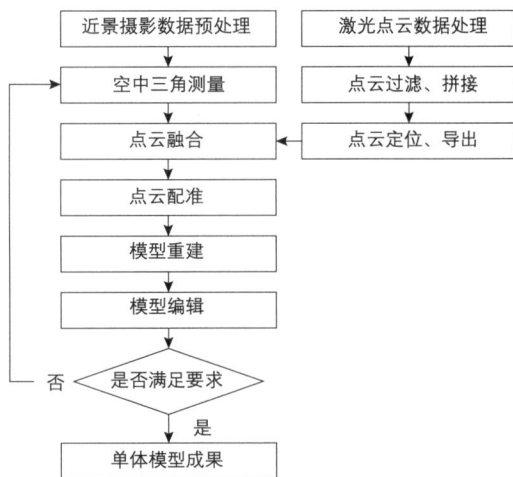

图 6-8 近景测绘流程图

正技术来减小图像畸变。在进行相机的图像采集时，确保足够的重叠度，可以通过调整相机的位置和角度来实现（图 6-8）。

6.3.3 数据处理

将采集的图像进行后期处理和图像匹配，建立图像间的关联。可以先预处理，将图像中的畸变校正，例如透视畸变、径向畸变等，以减小图像中的形状变形；对

图像进行色彩平衡，确保不同图像之间具有一致的颜色和亮度。再从图像中提取显著的特征点，通常使用SIFT（尺度不变特征变换）或SURF（加速稳健特征）等算法，对特征点进行匹配，建立图像间的对应关系，为后续的三维重建提供基础（图6-9、图6-10）。

图6-9　近景摄影测量相机及古井近景摄影模型

图6-10　历史环境要素三处古井近景测绘效果示意

6.4　三维激光扫描仪测绘操作指南

6.4.1　技术准备

在外业操作开始之前，进行详细的现场勘察是至关重要的。这包括确定扫描路线、测站的数量、测站位置以及标靶的分布和位置。这个阶段的目的是确保扫描范围和数据采集计划得以清晰明了。

根据测绘作业需求和现场条件，选择适当的三维激光扫描仪器。不同的仪器具有不同的特性和性能，因此正确的选择有助于获得高质量的扫描数据。通常，三维激光扫描仪根据工作方式和测距原理可分为相位式、脉冲式和基于三角测距原理的测量。相位式测距原理通过测定激光光束往返于被测距离的相位延迟，采用间接方法获取待测距离。这种方法主要应用于中等距离的扫描测量，通常限定在100m以内，但其精度可达到毫米级。这一测量原理的优势在于其对细小物体或特定表面的高精度测量，适用于需要较高精度的应用场景。在实际操作中，相位式测距常被选择用于要求精细测量的项目，确保获取准确而可靠的三维激光扫描数据。脉冲式测距原理是通过测定脉冲信号往返于被测距离之间的时间差来测定待测距离。大部分的激光扫描仪采用这种测距方式，能够测量几百米甚至上千米的距离，但相对而言，测量精度较低。尽管如此，这种方法在需要覆盖大范围的项目中仍然具有广泛的应用。基于三角测距原理的测量则是利用三角形几何关系求得距离，常用于近距离测量，扫描范围一般为几米到十几米。

6.4.2 外业测绘

三维激光扫描的外业操作主要包括现场勘察、仪器选择以及测站点的设置等工作。

（1）现场勘察

在进行三维激光扫描仪测绘外业工作时，必须在实际测量之前进行详细的现场踏勘。全面的现场勘察对扫描建筑物进行整体把控至关重要。这包括评估建筑物的结构、特征和环境，以便判断最佳的布站路线。通过仔细的现场勘察，可以制定合理的布站计划，确保扫描工作在全面和高效的条件下进行。这一踏勘过程不仅有助于确定扫描仪的摆放位置，还能识别可能影响扫描结果的潜在障碍物或挑战。综合考虑这些因素，可以最大程度地提高测绘项目的准确性和效率。需要勘查的内容有：

①测绘传统建筑的体量及结构：了解其形制和装饰部位复杂程度可以选用最适合精度的扫描设备，并且也为后面扫描布局站点作提前的准备工作。

②观察周边环境：必须考虑建筑物周边是否存在潜在的障碍物，例如大型树木可能会影响扫描仪的信息采集工作。在现场勘察阶段，需要仔细判断周围环境中的遮挡情况，以便决定后续站点的布置地址，并酌情考虑是否需要增设站点。在需要的情况下，可以调整站点布置或增设额外的站点，以确保获取到全面而准确的三维数据，为后续的建模和分析提供可靠的基础。

（2）三维激光扫描仪站点布置

三维激光扫描测绘站点的设置，直接影响着数据采集的准确性、效率以及最终数据的质量，甚至对后期数据处理和呈现产生深远的影响。由于古建筑结构的复杂性，站点的布设需特别关注以确保获取数据的全面性、覆盖度和完整度。在古建筑测量布站时，需考虑一些特殊部位，这些地方容易产生数据缺失。为保证数据采集的全面性，需要对这些部分进行额外的站点设置，以补充采集缺失的数据。

①建筑室外站点布设

布置室外的三维激光扫描站点时，需要充分考虑光的遮挡性。激光扫描仪在数据采集过程中，存在光束被前方物体遮挡而无法观测到该物体后方的现象。为了完整地捕捉被测物体的形态，必须从不同角度和多个方向进行扫描，以确保扫描所覆盖到的面积足够全面，从而获取到完整的被测物体数据。

在进行建筑室外扫描布站的过程中，建议设立全面的控制网，以确保全面获取古建筑外立面及整体布局的数据。这主要是为了考虑数据累积误差的消除，并确保对于檐下、屋顶等难以获取数据的区域有足够的采集覆盖度。由于三维激光扫描仪每一站都使用自有坐标体系，为了消除拼接过程中的累积误差，需要借助全站仪等仪器，测量标靶或站点的位置，获取其绝对坐标。通过将三维激光扫描仪获取的古建筑相对坐标引入大地坐标系统，可以实现相对坐标与绝对坐标的衔接。这个过程有助于确保整体数据集的准确性和一致性，提高建筑室外扫描的精度和可靠性。

②建筑室内站点布设

在进行室内扫描布站时，需要考虑到室内空间体量较小的特点。尽管全站仪及三维扫描仪的测距极限距离可能远远超过建筑室内的尺度，传统建筑的内部结构却常常复杂，尤其是内部高层空间。这包括了重叠穿插的梁架结构以及层层叠加的柱、斗、拱、枋、椽、檩等，对于三维激光采集构成了巨大的挑战。

在进行室内布站设计时，首先应考虑遮挡因素，优先选择遮挡面连线的中点进行布站。这种策略有助于实现点云数据的均匀分布，从而提高数据的完整性，进而优化整体的效果和呈现。在进行柱网布站时，最高效、最高覆盖率的方式是选择对角柱网的连线，然后在其交叉点处设置站点。这种方法能够以较高质量和较高覆盖率采集小空间区域内的数据。这种站点布置策略经过实际验证，能够在室内环境中取得较为理想的扫描效果，为后续的数据处理和出图提供高质量的基础。

在建筑内部，特别是在屋顶梁架部分，建议考虑使用专用的三维激光伸缩式扫描辅助装置。这种伸缩式扫描辅助装置具有上下伸缩式工作原理，可以直上直下，对于有吊顶的古建筑而言，它能够通过很小的开口深入到吊顶内部，从而减少吊顶的拆装工程对建筑造成的损害。在室内及构件级别的数据采集时，推荐使用手持扫描设备进行扫描。这些设备通常轻便、小巧且精度较高，可以方便地在有限的空间中进行操作。手持扫描设备的灵活性使其能够更好地适应复杂的室内结构，特别是对于屋顶梁架等难以触及的区域，提供了一种高效而精确的数据采集方式。使用这样的组合能够提高古建筑内部数据采集的效率和精度。

6.4.3 数据整理

（1）点云数据整理——Leica Cyclone REGISTER 360 操作流程

①点云数据导入：使用三维扫描仪测量出的数据在计算机中导入，在目录中不要出现英文。

②点云数据拼接：Leica Cyclone REGISTER 360 可以对导入的点云数据自动进行对齐并智能拼接，完成后会自动显示拼接误差，整个拼接过程完全实现全自动的智能化处理，帮助用户提高内业数据处理效率。

③点云数据优化：如果点云的拼接精度没有达到我们的要求，可以使用优化点群功能，软件会自动对拼接点云数据做进一步优化处理，提高拼接精度，从而保证数据成果的精度。也可以使用手动目视对准可以对点云数据进行旋转、移动多角度对准优化。

④点云数据去噪：用三维激光扫描仪采集到的点云数据，由于数据量庞大，必定存在一些差点和错误点，统称为噪声点。产生这种状况可能有以下几个原因，首先是受测量方法和仪器设备的影响，其次是受被扫描建筑的表面材质因素影响，另外还有行人、杂物、树木等无用遮挡物造成的噪声点。在对点云数据进行建模之前，首先要对点云数据进行去噪，否则就会影响模型的精度和处理速度。去噪是为了删除无效的点云，提高模型的准确度及数据处理速度。点云数据去噪之后，进行点云数据平滑处理工作，过滤点云中的噪声点，降低点云密度，使后面点云数据的建模封装等过程更加快捷、准确。

⑤多种成果：Leica Cyclone REGISTER 360 可以发布 LGS、PTS、PTG、PTX、E57、RCP 多种点云格式，以及以 Truview、JetStream 等形式实现数据成果共享，数据成果丰富，满足用户的不同应用需求。

（2）点云数据辅助测绘图操作——Leica Cyclone 3DR 操作流程

①数据导入：从 Leica Cyclone REGISTER 360 导出 LGS 等格式导入 Leica Cyclone 3DR，导入界面取消勾选，防止降低导入点云的质量。

②点云数据去噪：Leica Cyclone 3DR 提供了基于机器学习的点云分类功能，包括

点云自动分类、智能过滤等。对点云数据进行数据分类，比如地面点、建筑物提取、树木等；可以通过矩形或者折现清楚多余点云，更便捷地对点云进行处理，得到想要的点云数据（图6-11）。

图6-11　清理后的三维激光点云数据

③点云数据进行切片：Leica Cyclone 3DR可以对切片和正摄的点云数据智能生成线性，可发送至CAD辅助二维图纸绘制。由于点云正摄图是以点为基本单元进行阵列的格栅图（RasterGraph）类型，而CAD则是矢量图类型（VectorGraph），格栅图向矢量图的完美转换直到现在依然无法实现，因此不能直接将导出的正摄图纸转换成CAD里的二维线图（图6-12~图6-14）。

使用切片后的主平面点云数据，导入CAD描绘，可极大地提高作业效率。

④二维图纸绘制：通过正摄点云图直接转换为矢量CAD难度很大，但是在基于点云正摄图纸的基础上，由人工进行描绘可以显著提高传统CAD绘制精度，加快绘制速度。在绘制过程中，遇到切片显示不清楚的地方，也可以打开Leica Cyclone REGISTER 360查看三维点云模型进行查验。根据处理好的Leica Cyclone 3DR的文件导出Autodesk ReCap相应格式，在Autodesk ReCap转换成CAD制图软件可导入的点云格式（*.rcp，*.rcs）。

图 6-12   平面点云切片

　　a. 导入点云数据到 CAD，首先在俯视图的条件下，对点云数据进行正对 XY 轴的旋转。

　　b. 平面图绘制：点击导入的点云数据，会出现点云数据的操作界面，点击截面平面，再点击顶部，移动选择合适的截面位置，就可以开始绘制平面图，根据显示效果更改透明度，画图时把视角改为俯视图，CAD 只支持在 XY 平面上绘制线。

　　c. 立、剖面绘制：绘制立、剖面图和平面图步骤有一点区别，立面图是垂直于 XY 平面的，所以在绘制之前在点云模型旁边使用 BOX 命令画一个立方体作为参照，

图 6-13   立面点云切片

图6-14　剖面点云切片

把需要绘制的平面使用 3D Rotate 将平面旋转到 XY 轴所在的平面，后续操作和绘制平面图相同。

6.5　传统测记法测绘操作指南

6.5.1　技术准备

（1）传统测记法主要使用工具

传统测记法是一种适用于传统建筑的单体测绘方法，它涉及使用各种测量工具和辅助工具。测量工具有：皮卷尺（规格有 10m、20m）——用于测量线性距离，如建筑物的长度、宽度等；钢卷尺（规格有 3m、5m、10m）——同样用于线性测量，适用于不同尺度的建筑。电子测距仪——用于更精确和高效的距离测量，特别是在室外测绘中。测量的辅助工具有：竹竿和梯子——用于达到难以测量的高度或距离，例如建筑物的高度；指北针——用于确定建筑物或区域的方向，以便在测绘图上准确标示方位；垂球——用于确定垂直线和水平线，以测定建筑物的垂直和水平尺寸；绘图纸、铅笔、笔记本电脑——用于记录测量数据、制作草图和绘制测绘图纸；照相机——用于拍摄建筑物的照片，以记录外部特征和构件的详细信息。

（2）传统测绘方法

传统的测绘方法包括使用这些工具，以人工拉尺或激光测距仪为主要手段，对建筑物及其构件进行测量。测量的结果数据和文字记录资料会被整理，然后绘制测绘图纸，最终编写测绘报告。这种方法通常适用于较小规模的测绘项目，如单体建筑或遗产保护项目，方便准确记录建筑物的尺寸和特征。

6.5.2 外业测绘

测绘时，从建筑群落的整体出发，首要任务是明确院落测量的基准点、建筑之间的间距，以及室内和室外的地面高差等关键要素。然后，才能展开局部测绘工作。测绘过程必须严谨，依赖详尽的数据，而不是主观视觉观察或臆断。在整个测绘过程中，一致性至关重要，因此所有测量和绘图都应采用厘米为单位的标准度量。这有助于避免数据混乱，同时保持测绘数据的高精度。遵循先整体后局部、先大后小的原则，确保测绘的有序进行。首先，测量整个院落的总体面积，然后确定主体建筑的位置和面积。接着，关注附属建筑，最后进行单个建筑的详细测绘。这种有序的方法有助于确保整个测绘工作的完整性和准确性。

（1）绘制院落总平面图

传统建筑测绘最佳的方法是采用测量与绘图相结合的方法。首要步骤是深入熟悉测绘现场，明确工作流程并制定一个基础性的计划。随后，在现场进行基础草图的绘制，这些草图应力求精准反映实际情况，这就要求测绘人员平时需具备一定的绘画基础与技能。在草图的绘制过程中，需要确定适当的比例关系，以确保不会出现过大或过小的问题。应使建筑的各部分都能在纸上绘制出来，防止标注混乱和模糊。每一根线条在草图上都应当清晰而有力，避免反复修改。可以先用铅笔轻轻地勾勒轮廓，然后再进行描绘，尽量避免使用橡皮擦进行修改。在速写本上，以草图的形式绘制整个院落的布局，包括房屋的位置、门窗的位置、植物的栽植和地面铺装等。同时，要注意各部分的比例尽量准确。接着，对整个院落进行平面测量，测量院子的长度和宽度。然后，测量房屋的开间和进深，以及踏步的数量和尺寸，还有墙壁的厚度。根据房屋的厚度，绘制内部的平面形状和布局，并测量尺寸。对于正屋，要分辨三开间的大小，通常情况下其尺寸是相同的。对于东西厢房，如果它们呈完全对称的格局，可以只测量一面，以节省时间。

（2）绘制单体建筑测绘图

绘制单体建筑测绘图是对观察力和速写能力的一项考验。由于缺乏暂时的数据支持，绘图者必须仅凭感觉进行绘制，可能在比例上会出现一定的误差，在将图纸转化为正式图纸时，必须依据实际尺寸进行修改和调整。为了增强感官的舒适度，建议首先使用最细的铅笔勾勒建筑轮廓，然后使用较细的签字笔绘制正立面图。在绘制过程中，测量数据主要涉及建筑高度的尺寸，因为长度和宽度的尺寸通常在绘制平面图时已经测定。一般来说，测量是从底部向上进行的。首先，测量基石的高度，然后是门窗的高度，接着是门窗套的尺寸，最后是屋檐到地面的高度。

在每次测量时，需要将数据清晰地记录在尺寸标注线上，甚至包括每块砖的长度、高度和厚度等细节。同样的方法也适用于正屋侧立面的测量。测量侧立面时，其中一个挑战是测量屋脊的高度，因此需要使用梯子或脚手架等工具，这时一定要注意安全问题。通过测量屋脊三角形的高度，再结合侧面长度，可以计算出屋顶的倾斜度。其他房间可以采用相似的方法。一旦完成实地草图的绘制和测量数据的收集，就可以进入到下一步的正式绘图阶段。

在进行图纸的正式绘制时，有些部分可能需要依赖测绘图来完成，因此可以考虑使用照相机来完善测绘。在这个过程中，选择正确的视点和角度对于捕捉重要信息非常关键，特别是对于那些难以在短时间内准确绘制的细节部分。在拍照时，可以考虑放置一把直尺在画面中，以确保能够准确反映细节的比例和其他信息。为了满足测绘的需求，建议采用正投射角度拍摄建筑的细节，以确保图像的准确性和可用性[①]（图 6-15）。

6.5.3 数据处理

数据处理分为两部分。第一部分涉及在实地调研和测绘工作结束后当天晚上立即进行电脑绘图，这有助于及时查漏补缺。第二部分发生在工作室，使用工作站中的绘图软件制图。图纸的要求要与原物一致、图像清晰、轮廓线的粗细适宜、图层结构清晰、尺寸标注完整无误、构图均衡、疏密得当。

6.6 图纸绘制

6.6.1 聚落三维实景模型制作

使用 Context Capture Center 软件，采用无人机获取的 0.05m 分辨率下视、前视、后视影像数据和 POS 数据，生成了非单体化实景三维模型，流程如图 6-16。

---

① 耿庆雷，王军 . 民居测绘及教授方法探讨 [J]. 山东理工大学学报（社会科学版），2015，31（05）：95-98.

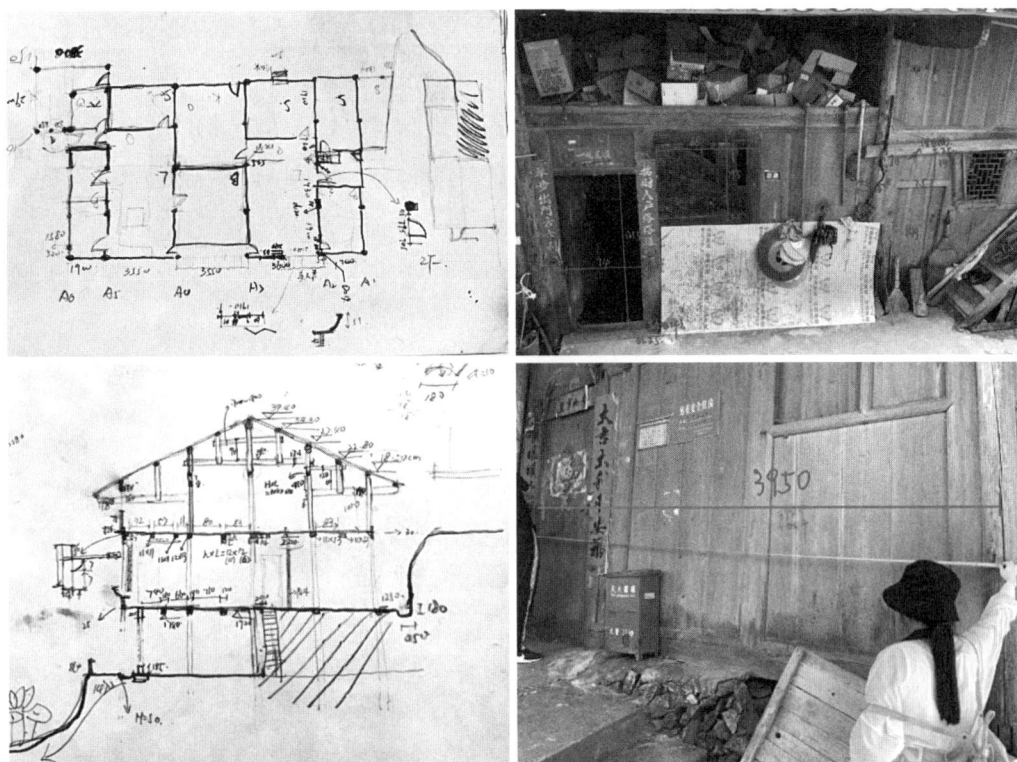

图 6-15　现场传统记测法测绘

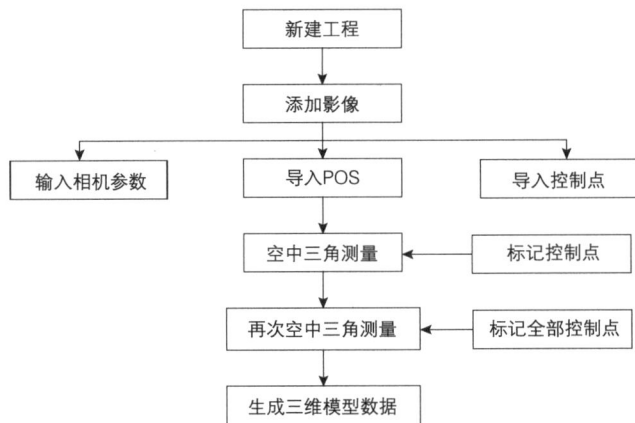

图 6-16　三维模型构建流程

（1）单机运算

①打开并检查外业使用无人机，就采集到的倾斜摄影的数据，存放的路径不能含有中文，目前软件无法识别出中文，如果涵盖中文之后运算中很容易出现错误。检查一下照片，确保名称要与 POS 文档对应。像控点的文档完整性，像控点的格式为：点号 –Y–X–Z（–代表空格），如图 6-17。

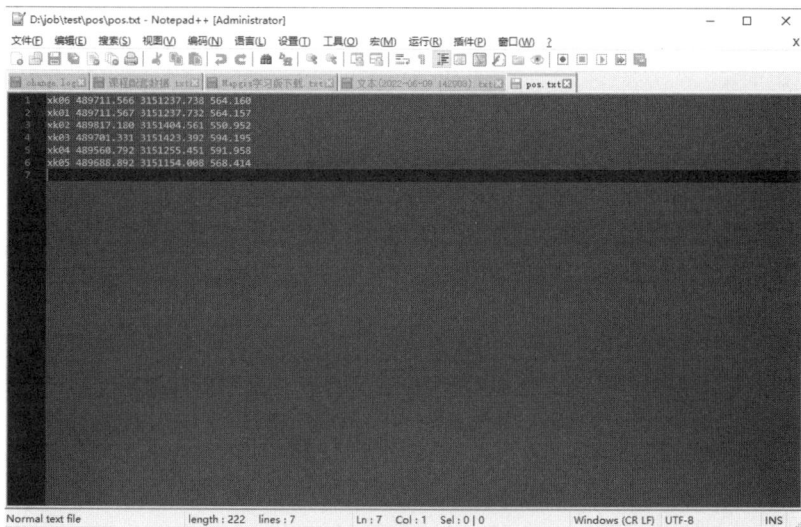

图 6-17　像控点样例文档图

②配置 Engine（引擎）路径

a. 找到 "Context Capture Center Engine" 并右键选择 "打开文件所在的位置"，在软件安装的根目录下找到 "CCSettings.exe" 并双击打开，图点击上方的 "配置"-"任务序列目录"，此目录应与工程中的任务序列目录项一致，否则引擎无法找到并运行此工程。点击 "Context Capture Center Engine" 查看工程路径，如图 6-18。

图 6-18　配置工程路径图

b. 再次打开引擎查看路径是否设置成功，如图 6-19。

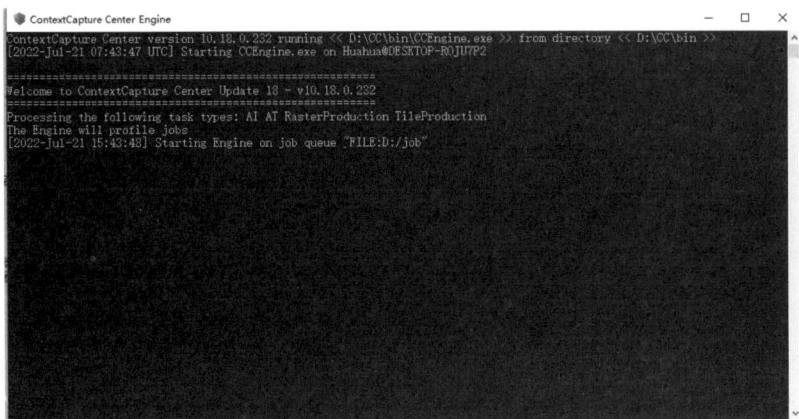

图 6-19　查看引擎中工程路径图

③新建工程

a. 打开"Context Capture Center Master"新建工程，工程项目名称建议为"地名 /项目名 +Proj/Project+ 工作日期"。要注意工程名称与工程所放置的路径都不能出现中文，否则可能会发生软件报错空三建模失败等情况。如果需要集群运算时，"工程目录"要设置成网络路径（图 6-20）。

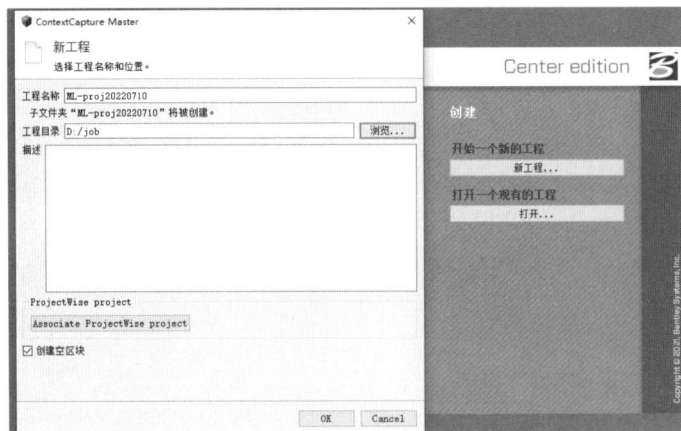

图 6-20　新建工程示意图

b. 完成后点击"选项"-"路径"查看，"UNC 路径"是工程路径代表本次任务的工程文件储存的位置，下方"任务序列路径"则是之前配置完成发放任务的路径。这个步骤一定不能省略，如果需要集群运算，需要保障工程路径和序列路径都是网络路径（图 6-21）。

图 6-21　检查工程路径图

④导入影像匹配 pos

a. 新建完成后会出现一个区块"Block"，点击页面上方的"影像"-"添加影像"，如图 6-22。"添加影像选择"是添加单个照片，"添加整个目录"是添加整个文件夹或者多个文件夹。点击添加找到数据存储的位置，出现对话框，点击"Yes"选择添加子文件夹。这样可以把文件夹中所有的照片全部导入。

b. 导入 pos 时需要注意选择 pos 对应的坐标系，pos 路径必须为英文，选择每一列对应的 name、X、Y、Z。检查时如发现刺点有偏移，可以手动增加尽量保证多个镜头

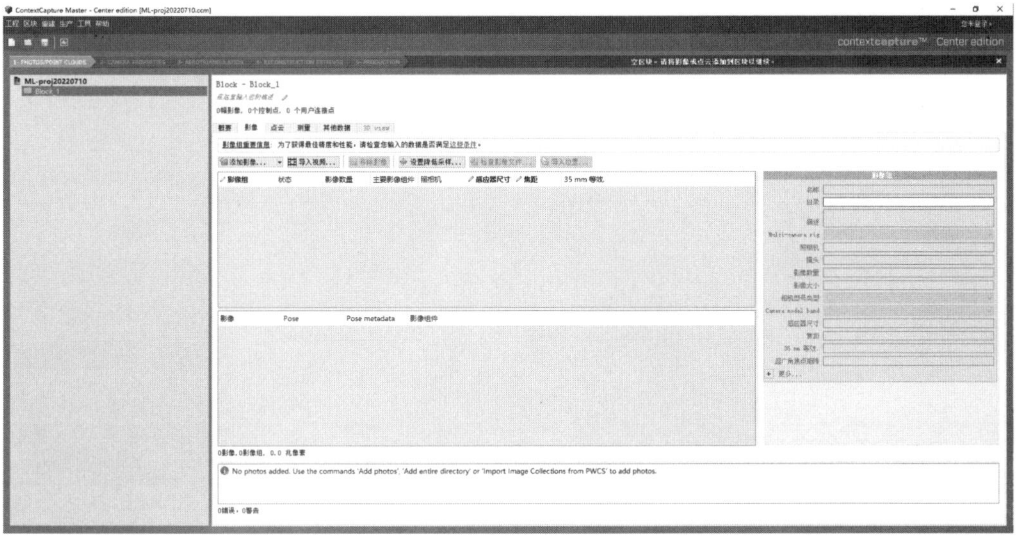

图 6-22　工程主页面

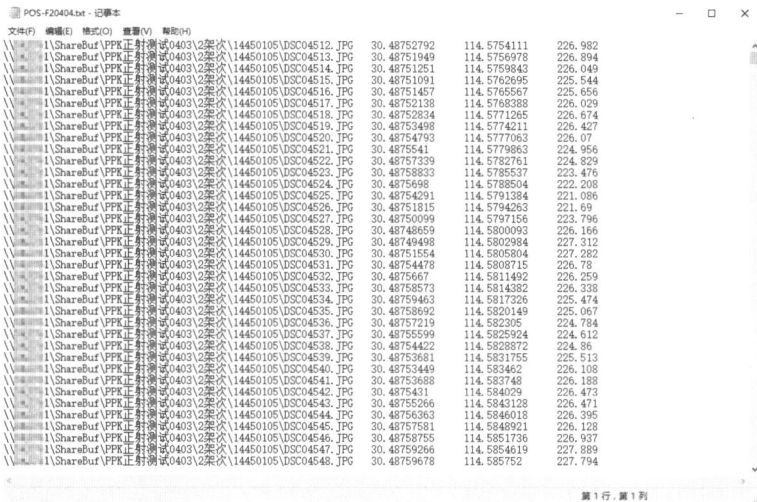

图 6-23　相机参数示意图

都可以有刺点，找到控制点所在的照片后，拖动十字丝进行标记并保存。如果有多个照片组（Photo group）则必须保证每个照片组中的照片名称唯一，否则会导入失败。

"Set downsampling"（设置采样率）表示该参数只会在空中三角测量的过程中对照片进行重采样空中三角测量，建模时仍旧使用原始分辨率影像（图 6-23）。

"Check image files"（检查航片完整性）表示建模失败的时候可以用此功能进行数据完整性检查。随意点击下方的一个影像，右侧会出现该照片的经纬度等坐标信息，也可以从右键菜单中导入或导出相机检校参数（特别对 Context Capture Center4.4 以后的版本有用），如图 6-24。

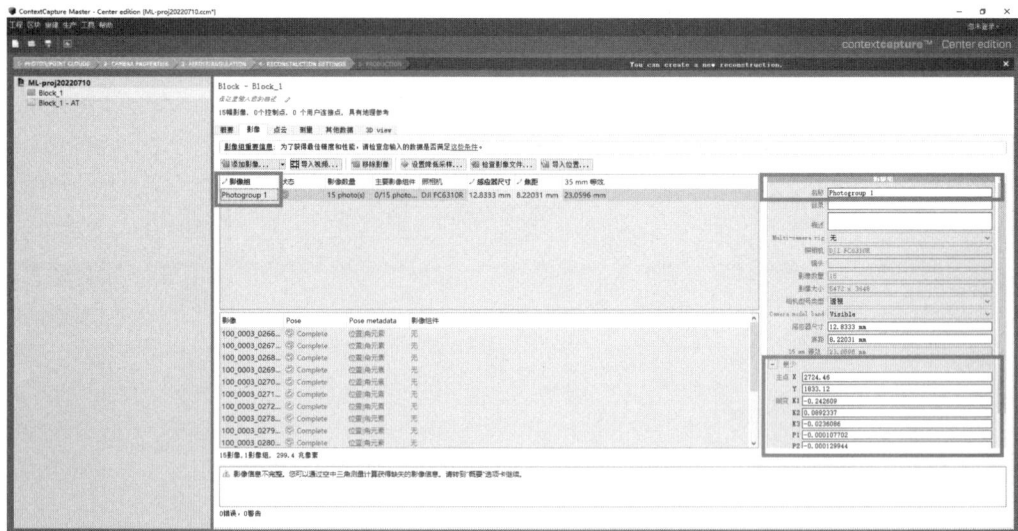

图 6-24　查看航片信息示意图

如图 6-25 所示，如果利用大疆的无人机所测绘出来的数据是自带传感器、焦距、pos 数据等信息。

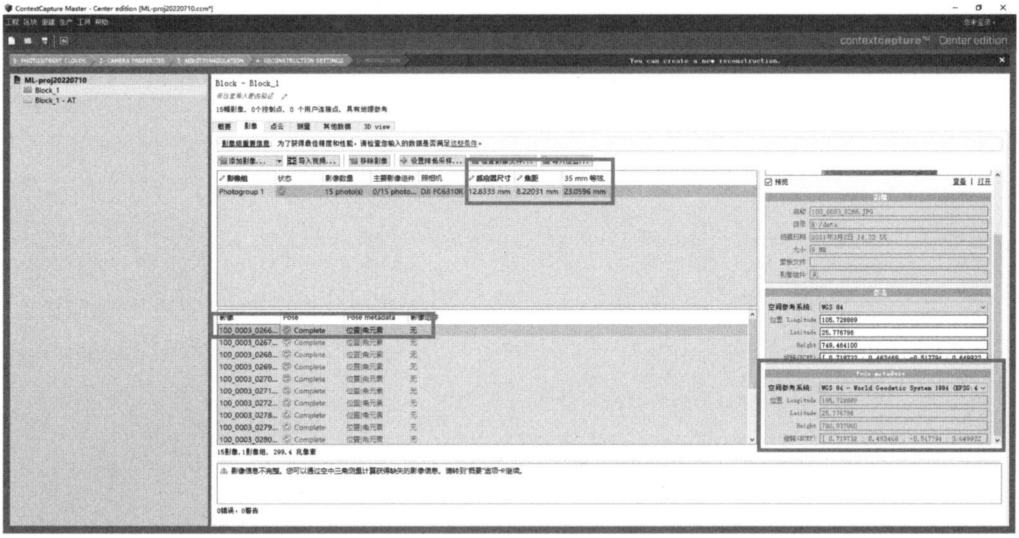

图 6-25 单张航片信息示意图

放在 3D 视图中查看所有的影像点云数据，如图 6-26 所示。

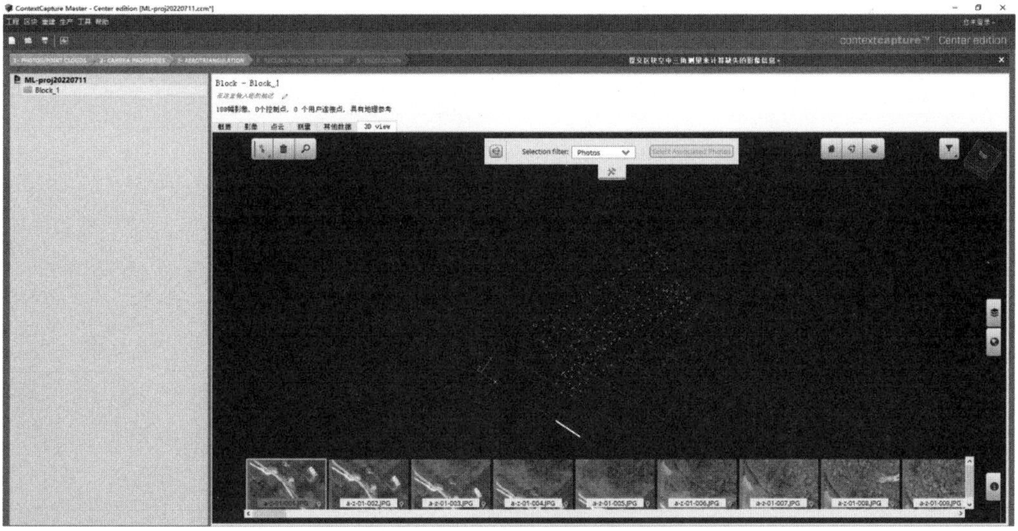

图 6-26 3D 点云数据视图

⑤空中三角测量

a. 设置名称，在页面右侧，点击"提交空中三角测量"，输入区块名称，最好根据飞行架次或项目信息进行设置（图 6-27）。

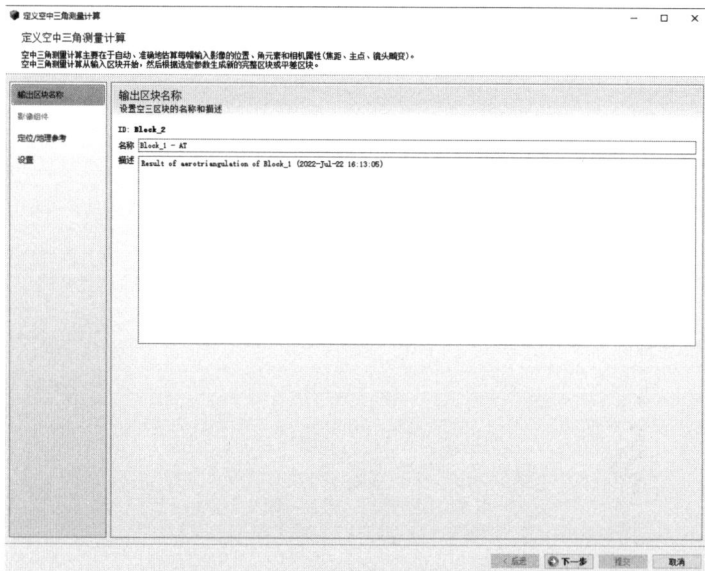

图 6-27 空中三角测量计算区块名称

b. 参与空中三角测量的照片，默认使用全部照片（图 6-28）。

图 6-28 空中三角测量使用照片设置示意图

c. 选择使用控制点进行平差（如第一次使用，则建议直接按照默认参数，只需"下一步"），选择下方"提交"，提交时必须打开引擎，如图 6-29。完成空中三角测量并且检查精度报告和存在问题。

图 6-29 空中三角测量区块名称设置示意图

注意：等待空中三角测量的计算完成，第一次空算时间会相较慢些，且运算进度到 4% 处界面会卡顿一段时间，属于正常现象（图 6-30）。

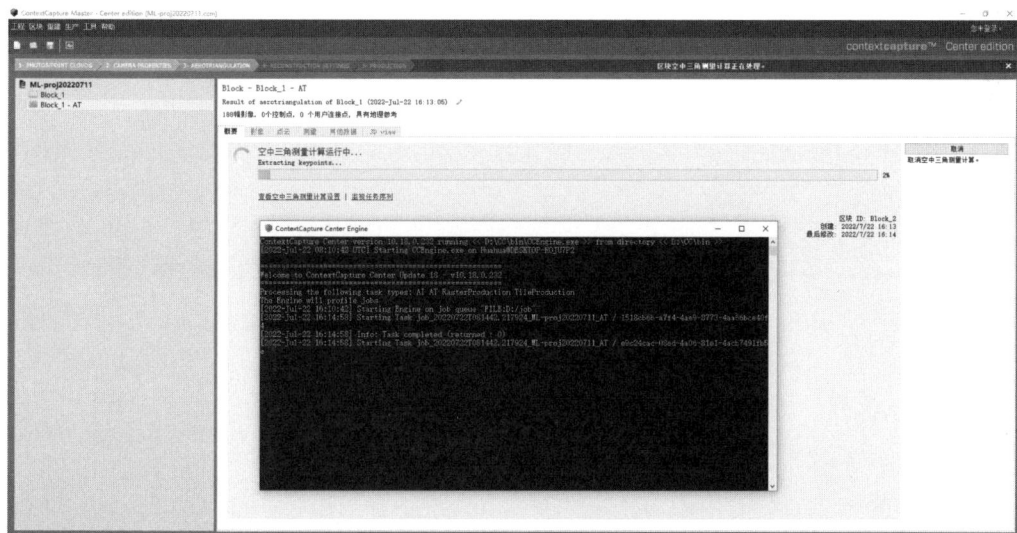

图 6-30 第一次空中三角测量过程示意图

d. 空中三角测量检查

经过一次空中三角测量后，控制点编辑器会预测可能的控制点位置，并且推荐出来，这时标记前视、后视、下视所有的控制点，并且尽可能多的标记所在影像位置比较好的，即不位于影像边缘。标记好控制点之后再次进行空中三角测量的提交，之后在控制点编辑器检查控制点标记精度，排查出有问题的控制点；

首先保证"General"选项卡中显示"Georeferencing"情况的空中三角测量结果，才能进行建模操作（图 6-31）。

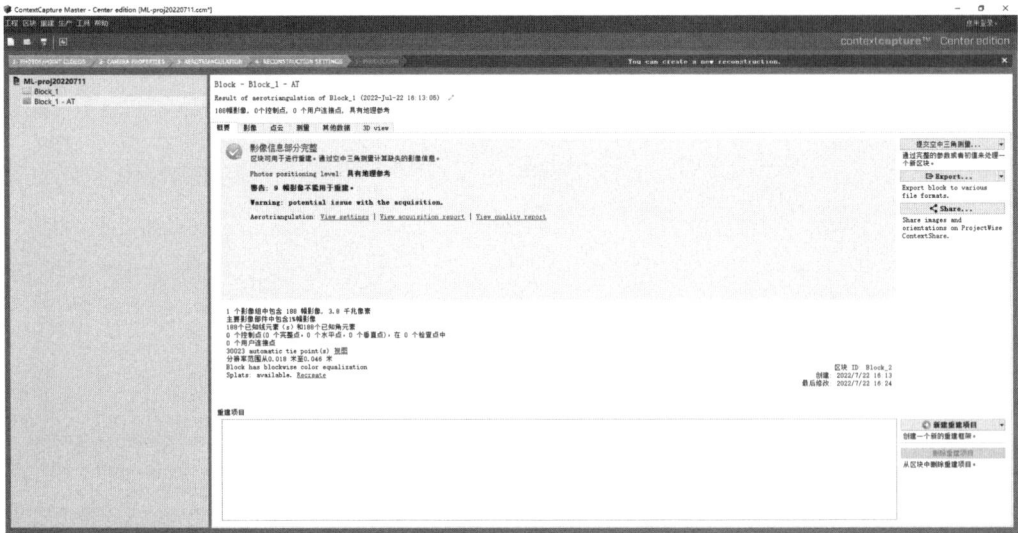

图 6-31 第一次空中三角测量结果显示图

完成运算后，如果出现"X 副影像无法重建"，点击页面中部"View acquisition report"查看影像存在的问题。无法重建的影像如果数量较少，对后期的工作影响就不大（图 6-32）。

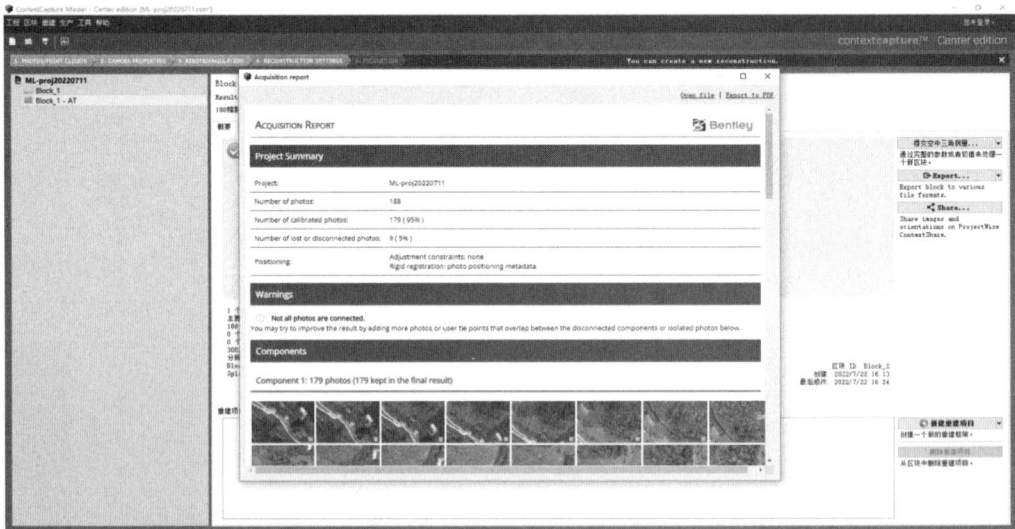

图 6-32 查看无法构建的影像

然后在特征点的三维视图中检查有没有明显的分层或交叉现象：①主要查看航片有没有交叉；②特征点在道路或房屋区域有没有分层；③检查像控点有没有平面和高层误差是否过大；

点击"3D view"查看空中三角测量的结果，如没有分层则代表本次空中三角测量的运算成功（图6-33）。

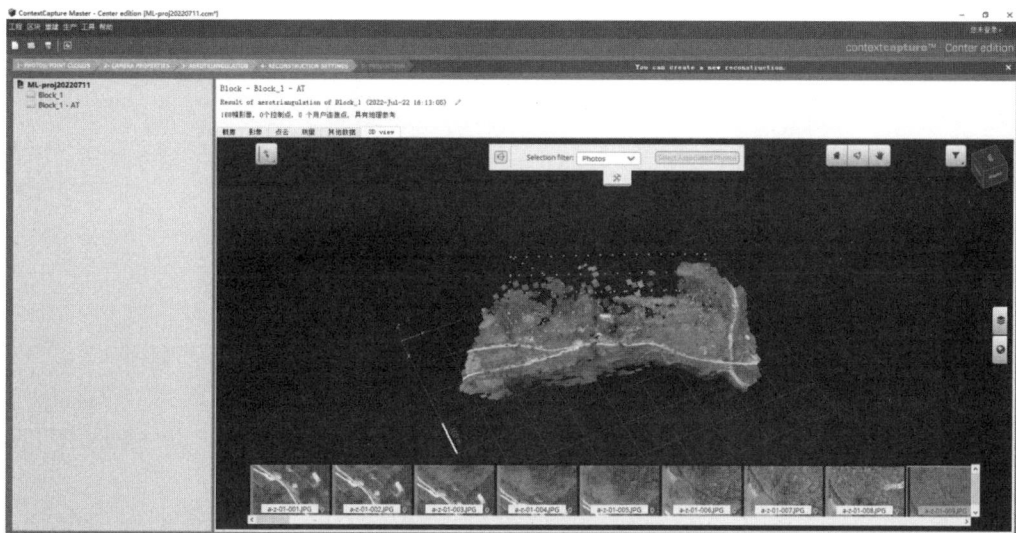

图6-33 检查航片位置

⑥提交控制点开始刺点

页面中选择"测量"–"导入"–"Custom text format（wizard）"，打开找到像控点文件（图6-34）。

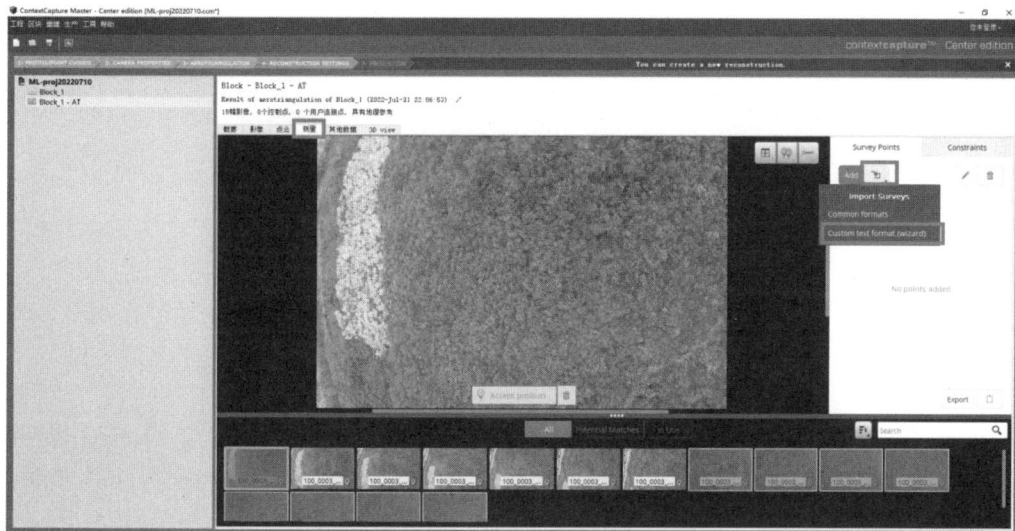

图6-34 导入像控点

点击页面左侧的"File format",设置"Number of lines to ignore at the beginning of the file"从"0"开始。

点击"Data properties"设置坐标系,一般使用CGCS2000,如果"Spatial reference system"选项中没有,可以点击"空间参考系统数据库",选择"CSCS2000/3-degree Gauss-Kruger"以及该城市的经纬度(图6-35)。

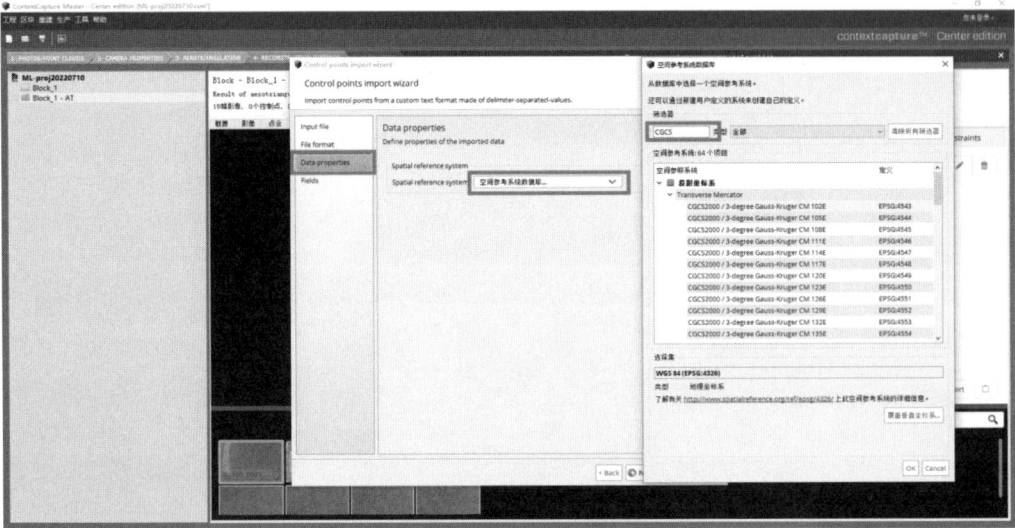

图6-35 设置像控点文件坐标参数

点击页面左侧"Fields",选择对应的名称,查看下拉"Role",依次选择"Name""X""Y""Z"并点击"Import"导入(图6-36)。

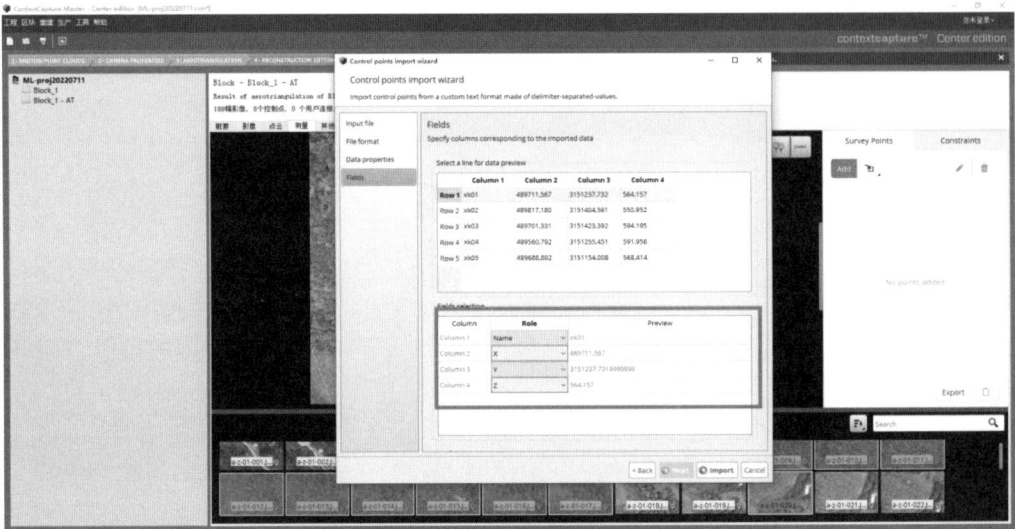

图6-36 设置像控点名称

成功后点击界面中“3D view”查看刺点的位置。控制点编辑器会预测可能的控制点位置，并且推荐出来，这时标记所有前视、后视、下视的控制点，并且尽可能多的标记所在影像位置比较好的，即不位于影像边缘。标记好控制点之后再次进行空中三角测量的提交，之后在控制点编辑器检查控制点标记精度，排查出有问题的控制点；点击“Surveys”，像控点全为绿色则为正确[①]（图 6–37）。

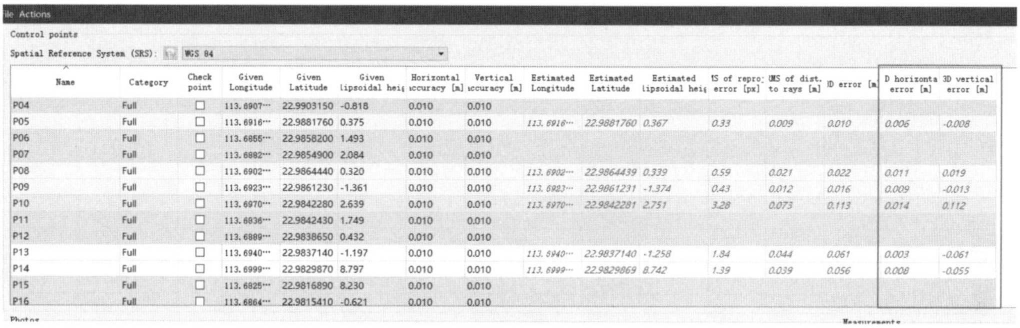

Name	Category	Check point	Given Longitude	Given Latitude	Given lipsoidal heig	Horizontal accuracy [m]	Vertical accuracy [m]	Estimated Longitude	Estimated Latitude	Estimated lipsoidal heig	IS of repro error [px]	RMS of dist. to rays [m]	3D error [m]	D horizonta error [m]	3D vertical error [m]
P04	Full	☐	113.6907···	22.9903150	-0.818	0.010	0.010								
P05	Full	☐	113.6916···	22.9881760	0.375	0.010	0.010	113.6916···	22.9881760	0.367	0.33	0.009	0.010	0.006	-0.008
P06	Full	☐	113.6855···	22.9858200	1.493	0.010	0.010								
P07	Full	☐	113.6882···	22.9854900	2.084	0.010	0.010								
P08	Full	☐	113.6902···	22.9864440	0.320	0.010	0.010	113.6902···	22.9864439	0.339	0.59	0.021	0.022	0.011	0.019
P09	Full	☐	113.6923···	22.9861230	-1.361	0.010	0.010	113.6923···	22.9861231	-1.374	0.43	0.012	0.016	0.009	-0.013
P10	Full	☐	113.6970···	22.9842280	2.639	0.010	0.010	113.6970···	22.9842281	2.751	3.28	0.073	0.113	0.014	0.112
P11	Full	☐	113.6836···	22.9842430	1.749	0.010	0.010								
P12	Full	☐	113.6889···	22.9838650	0.432	0.010	0.010								
P13	Full	☐	113.6940···	22.9837140	-1.197	0.010	0.010	113.6940···	22.9837140	-1.258	1.84	0.044	0.061	0.003	-0.061
P14	Full	☐	113.6999···	22.9829870	8.797	0.010	0.010	113.6999···	22.9829869	8.742	1.39	0.039	0.056	0.008	-0.055
P15	Full	☐	113.6825···	22.9816890	8.230	0.010	0.010								
P16	Full	☐	113.6864···	22.9815410	-0.621	0.010	0.010								

图 6–37　检查像控点误差

刺点一般尽量分布在多个航带的照片上，每个航带刺点数量不少于 9 张，若是边缘点或者某些航线照片较少可以低于此标准，一般不低于 3 张（图 6–38）。

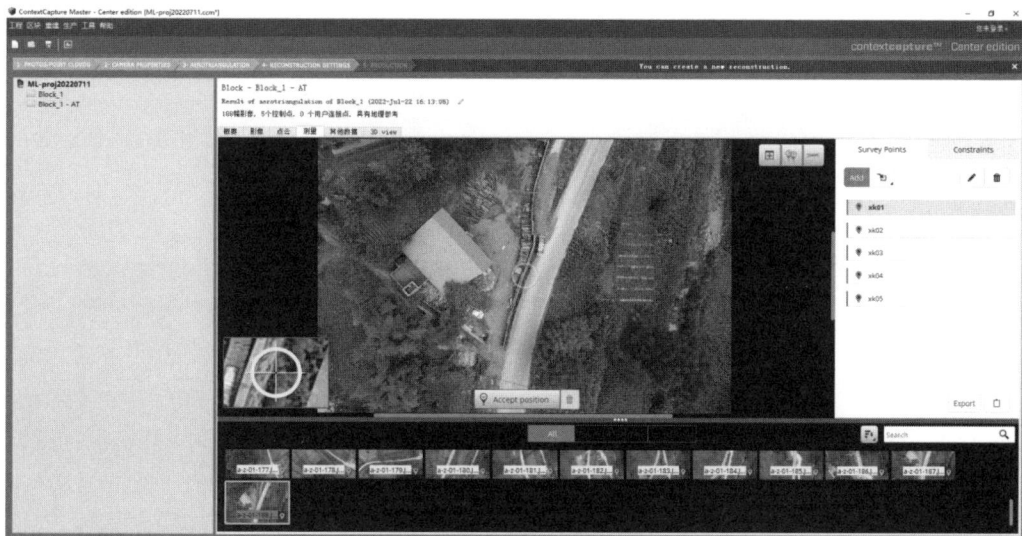

图 6–38　查看像控点位置

① Contextcapture 建模流程修订版 V3.0，道客巴巴在线文档。

⑦提交第二次空中三角测量

再次点击页面右侧的"提交空中三角测量"－"Process with ContextCapture Engine"。在对话框中选择"影像组件"，出现两个选择"使用所有影像"和"只使用主要影像组件中的影像"，选择只使用主要影像的话就表明第二次运算时不使用第一次空中三角测量失败的图片。经验是如果失败的图片都是水面，即可选择忽略失败的图片，后期可以选择使用水面修复功能处理（图6-39）。

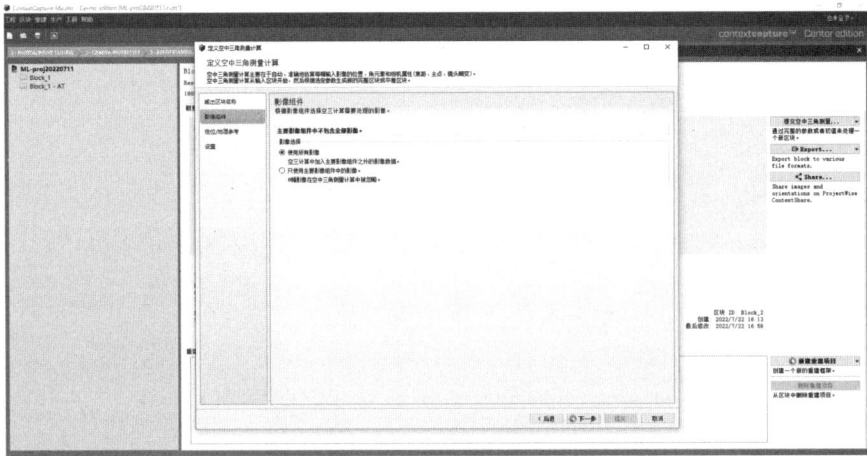

图6-39 第二次空中三角测量选择计算的影像组

再次检查地理系统参考坐标和"设置"中的参数，可直接默认选项点击下方的"提交"。

第二次空中三角测量结束后，点击"View quality report"查看精度报告，下滑至最下方即可查看控制点误差（图6-40）。

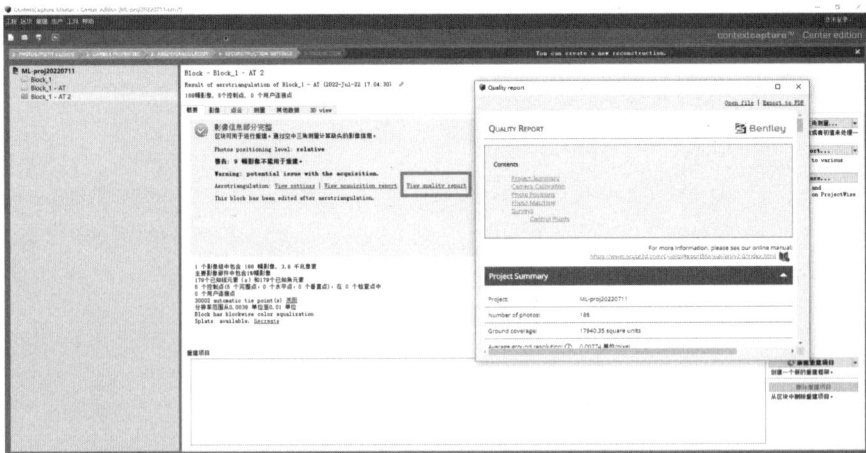

图6-40 第二次空中三角测量结果图

再次打开"3D view"检查模型与相控点是否重合（图6-41），第一次运算对比可发现相控点已经被纠正，已存在在同一平面上。

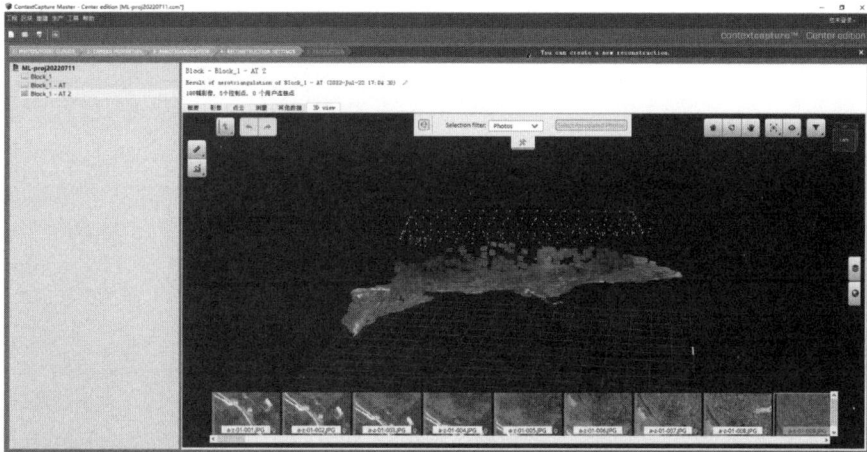

图6-41 第二次空中三角测量3D视图

⑧提交模型重建

在页面下方点击"新建重建项目"-"3D reconstruction"，提交模型重建（图6-42）。

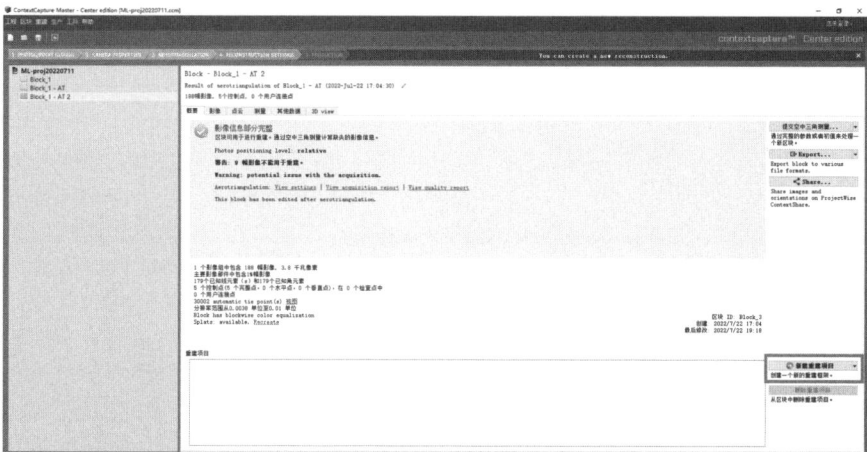

图6-42 模型重建

在"空间框架"中设置建立模型的范围。首先检查空间坐标系，在右侧三维模型中调整范围，可拖动"Block"进行调整，弊端是无法旋转，只能设置其范围的长、宽、高（图6-43、图6-44）。

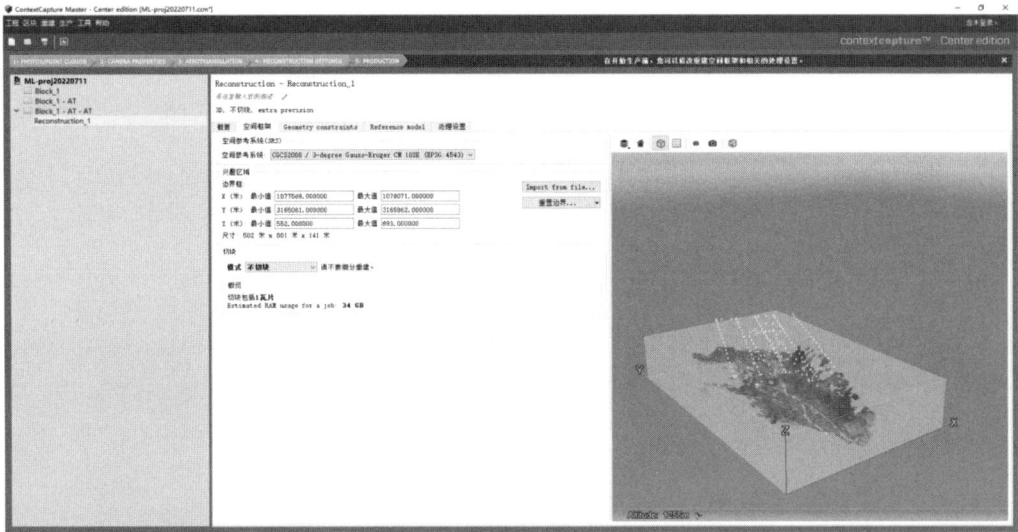

图 6-43   建模范围调整前

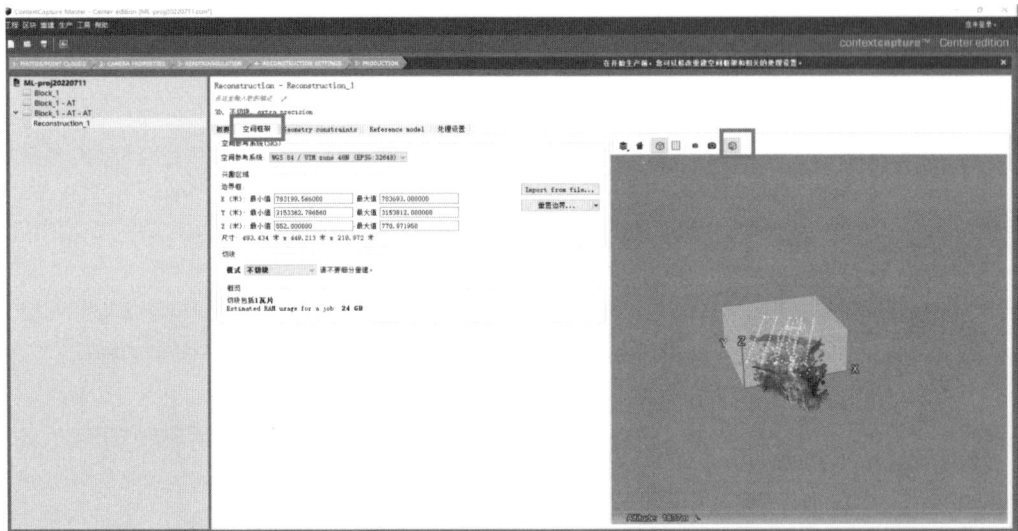

图 6-44   Block 调整空间范围后

打开"Import from file"添加 KML 文件，可以根据其范围完成建模。KML 文件可以使用任意三维地图软件，找到目标范围绘制保存。

导入测绘范围文件前应设置好坐标系（图 6-45）。在"切块"-"模式"下拉选项，选择"规则平面格网切块"或"规则立体切块"，调整瓦片大小，注意"丢弃空瓦片"这个选项不能选中；需要注意内存使用大小（Expected maxium RAM usage per job）不超过 24G（计算机内存 32G）。此处的内存使用大小是根据空中三角测量完成后的特征点数量进行计算的，由于 CC4.4 以后的版本特征点数量大幅下降以及有些区域特征点本身较少的原因，因此推荐以参与建模的照片数量来确定瓦片数量（图 6-46）。

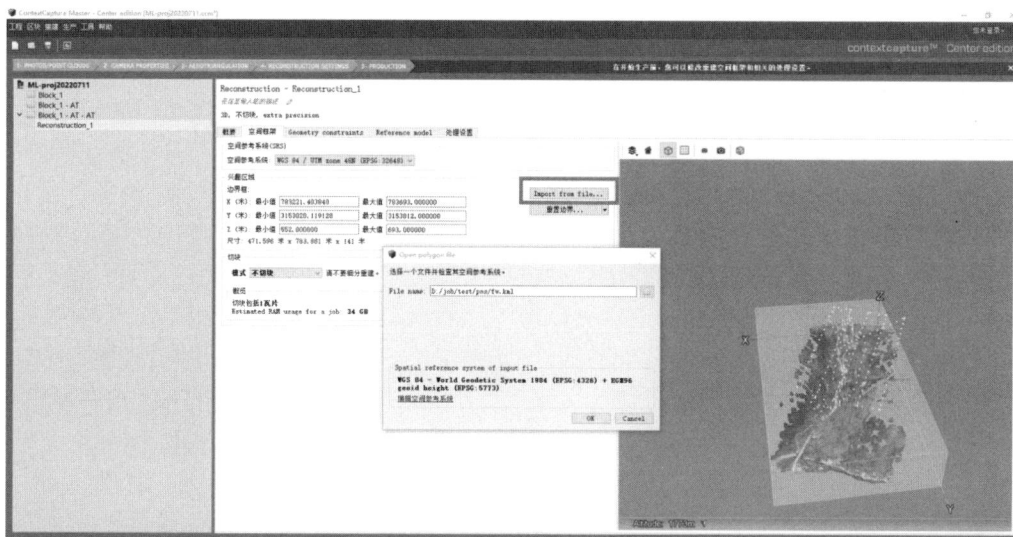

图 6-45 导入测绘范围文件

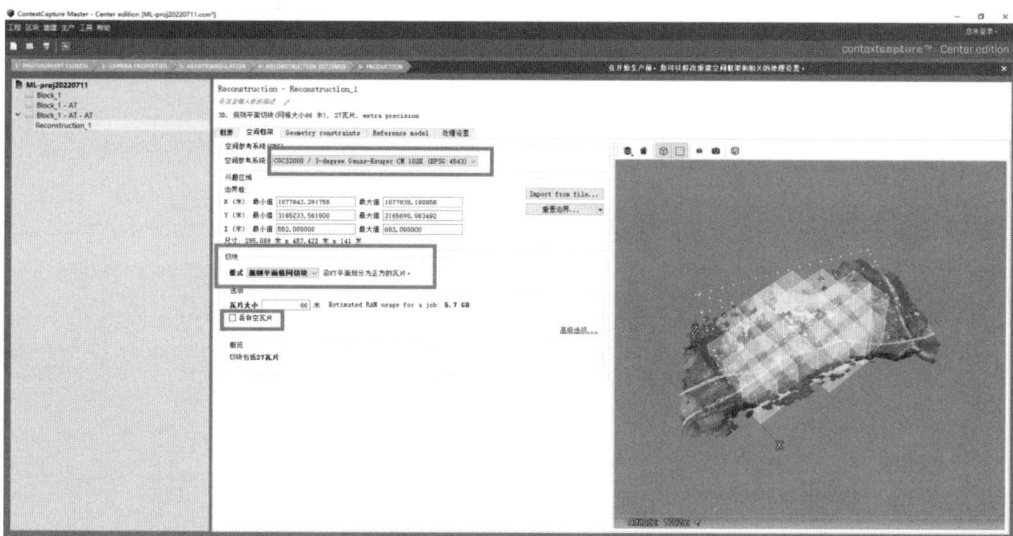

图 6-46 参数设置概览

在"处理设置"中找到"无纹理区域表示"-"无纹理区域的颜色",通常情况无法拍摄的地方是树丛、树下等地方,默认颜色为灰色,可以赋予其绿色(图 6-47)。

⑨输出模型

a. 点击"概要"-"提交新的生产项目"按钮,在对话框中设置模型名称,一般根据工程名称和格式对输出的产品进行命名。第一次重建模型在左侧工具栏"目的"中选择"三维网格"(图 6-48)。

图 6-47 设置无纹理区颜色

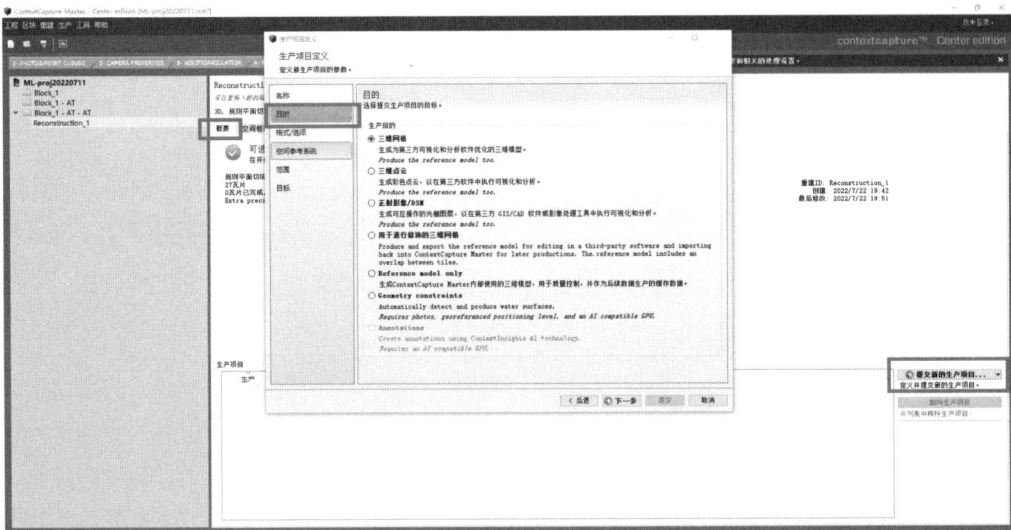

图 6-48 选择输出产品类型

　　b. 在"格式/选项"下方的"格式"选项中，常用的三种格式："Open Scene Graph Binary（OSGB）""ContextCapture 3MX""Smart3Dcapture S3C"，可以根据需求自己选择格式。纹理压缩可以根据自己需求进行选择，图片质量一般选择默认或90%，如果要求较高可以使用100%，但要注意质量越高运算时间越长。瓦片重叠部分数值越大，运算的数据越多，相对应的时间也越长（图 6-49）。

　　c. 同样确保"空间参考坐标系统"中设置的系统与像控点的坐标系保持一致（图 6-50），如果希望输出的 OSGB 模型能直接导入 Skyline 平台，则用两种方式：使

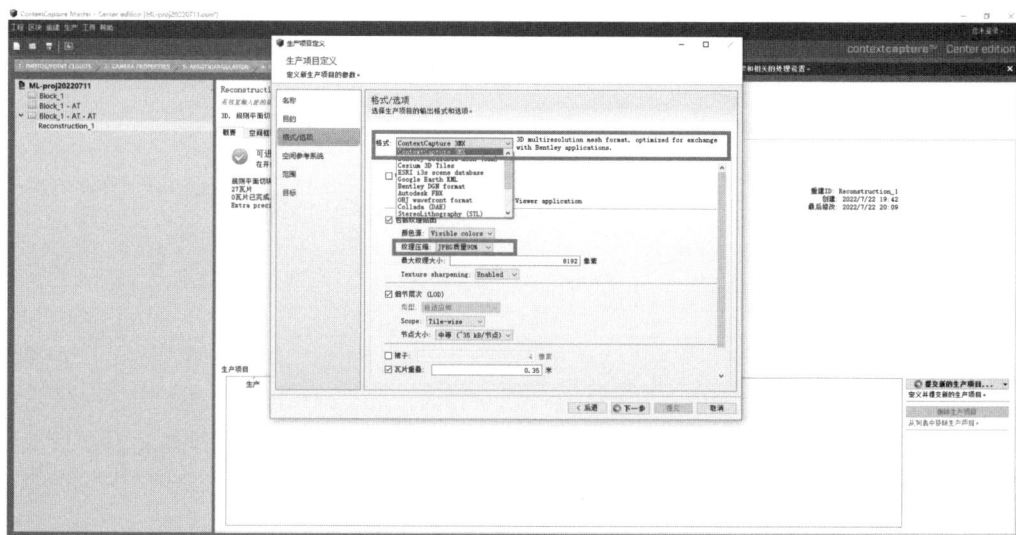

图 6-49　选择输出产品格式

用默认的 ENU 坐标系；或导入时取消导入第二个选项中的 .xml 文件，导入成功后再到 "Output" 文件夹里面修改 LODTreeExport.xml 文件中的坐标系信息（图 6-50）。

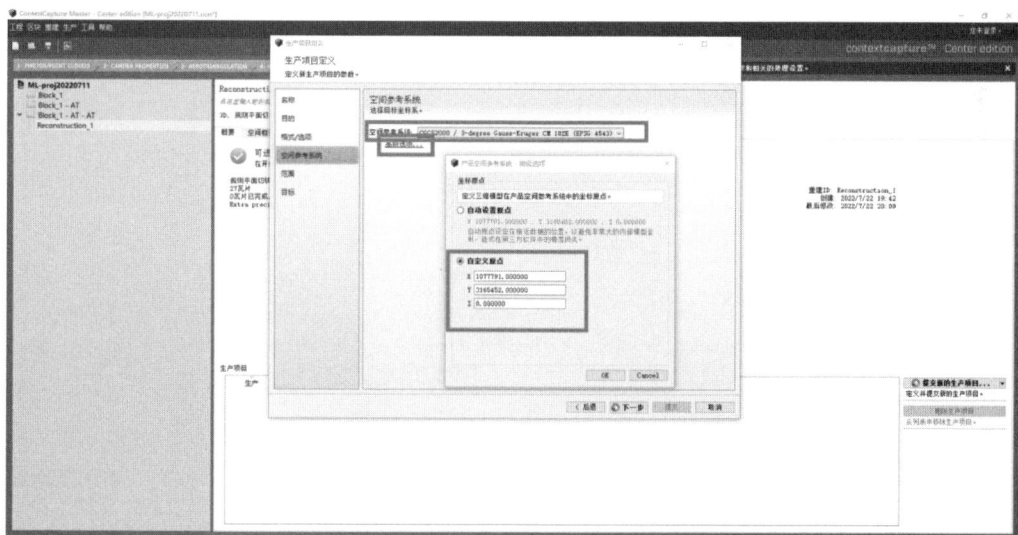

图 6-50　确定输出产品的坐标系及平移量

d. 再次设置"范围"，这个功能可以作为在节点足够的情况下加快建模速度的一个方式，对于需要生成正射影像的工程，不建议在此重新定义范围，否则会导致正射影像生成不完整（图 6-51）。

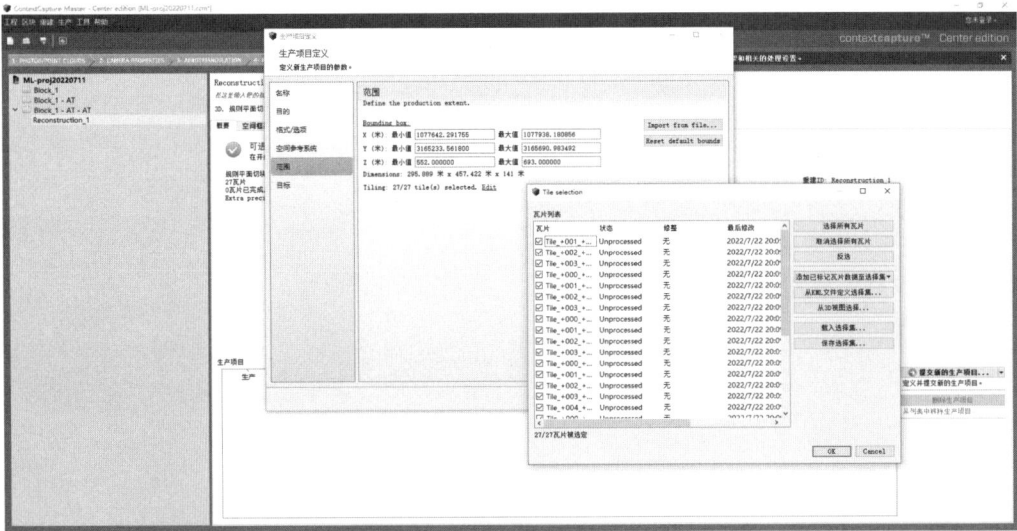

图 6-51　再次设置输出产品的范围

e.在"目标"中设置文件输出的目录。点击"提交",关闭对话框开始运算,在运算过程中计算机要始终处于开机状态(图 6-52)。

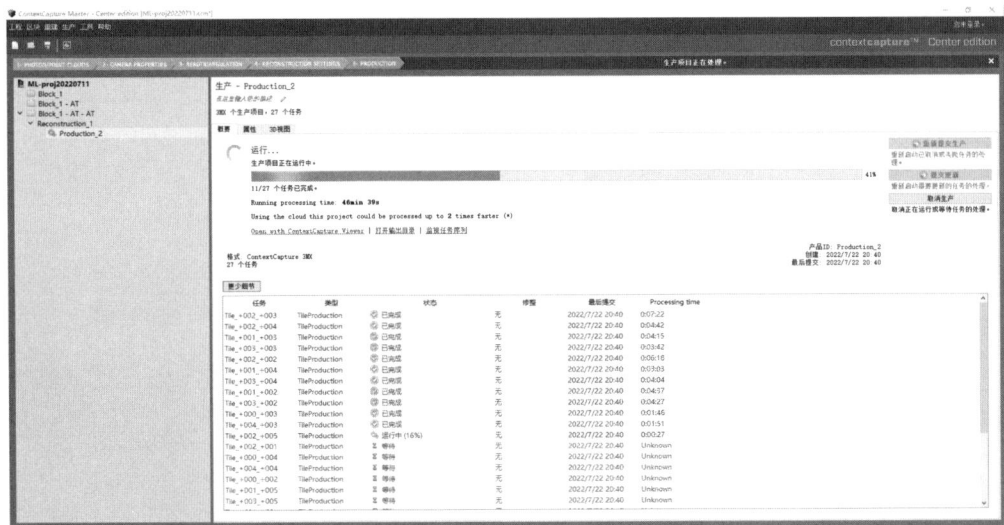

图 6-52　生产进行中的状态

⑩浏览模型

利用浏览软件可以打开模型,在工具中选择测量,即可在模型中直接测量出各要素的尺寸。要注意在模型中水体和玻璃幕墙可能会无法识别,需要后期修模处理。利用 ContextCapture 的自带浏览软件 ContextCapture Viewer 浏览模型,需要重建一个 Smart3D Capture S3C 模型，否则只能浏览单个模型。点击"更多细节"，选中下方瓦片单击鼠标右键，选择"用 ContextCapture Viewer 打开输出文件"即可浏览（图 6-53 ）。

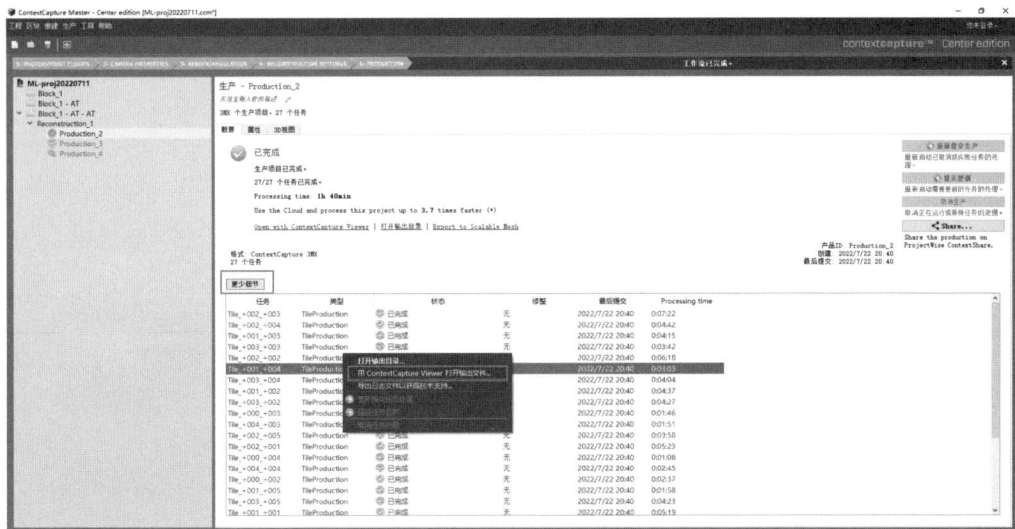

图 6-53　浏览单个瓦片模型步骤

⑪ 再次创建模型

完成模型的建构后，打开下方单个模型进行预览，也可以打开输出目录查看（图 6-54、图 6-55 ）。

图 6-54　浏览单个模型

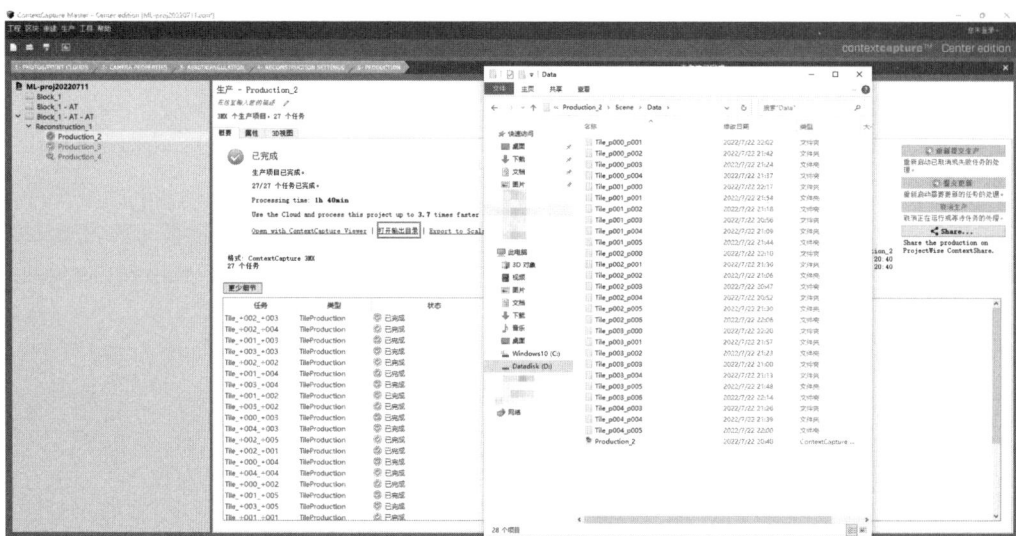

图 6-55　查看输出目录

⑫ 利用 ContextCapture Viewer 浏览模型

再次提交建立模型，在格式中选择"Open Scene Graph Binary（OSGB）""Smart3Dcapture S3C"两种模型。第二次运算可以节省很多时间，之后可利用此模型在 GIS/CAD 软件或影像处理工具中做可视化和分析。完成后打开 S3C 的输出目录找到目标文件（图 6-56）。

图 6-56　S3C 模型输出目录

在 ContextCapture 软件安装的根目录中，找到并打开"CC-S3Ccomposer"应用程序。打开输出的 S3C 模型场景，在菜单栏中选择"工具"-"编辑命令行"，将命令行中的指令全选复制至一个新的文档中，把后缀".s3c"全部替换成".obsg"再次复制回命令行中并点击"OK"（图 6-57、图 6-58）。

图 6-57　打开场景

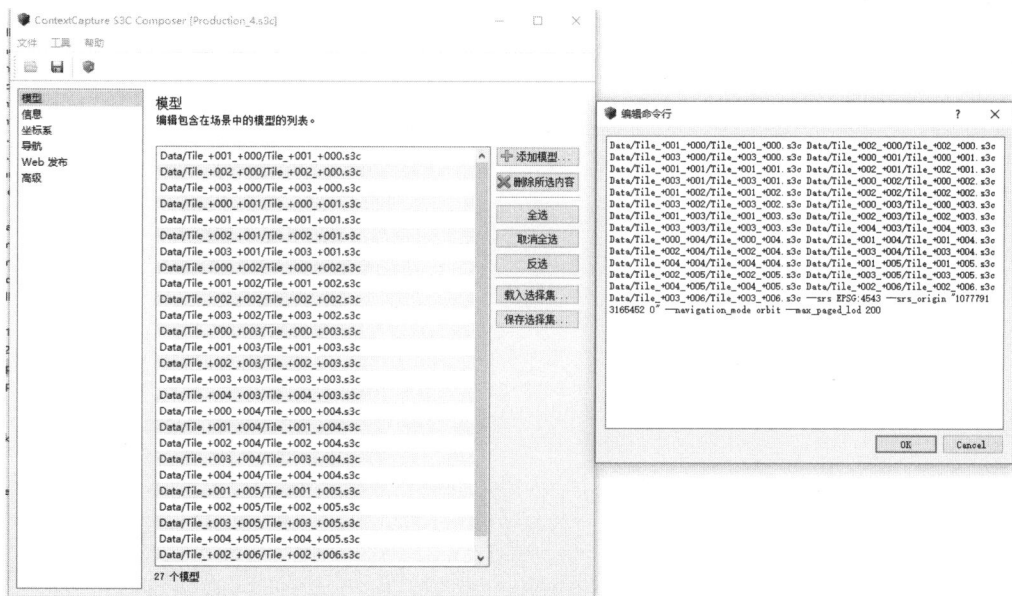

图 6-58　替换命令行后

保存修改后的模型输出至"Open Scene Graph Binary（OSGB）"的文件目录下（图 6-59）。

双击该文件即可使用 ContextCapture Viewer 浏览模型，做可视化和分析（图 6-60）。

（2）集群运算配置

选择一台工作站作为主机，新建文件夹，不能出现中文，选择全拼音英文字母命名。将该文件夹设置成共享文件夹，用于后续集群解算，注意分机必须是与主机

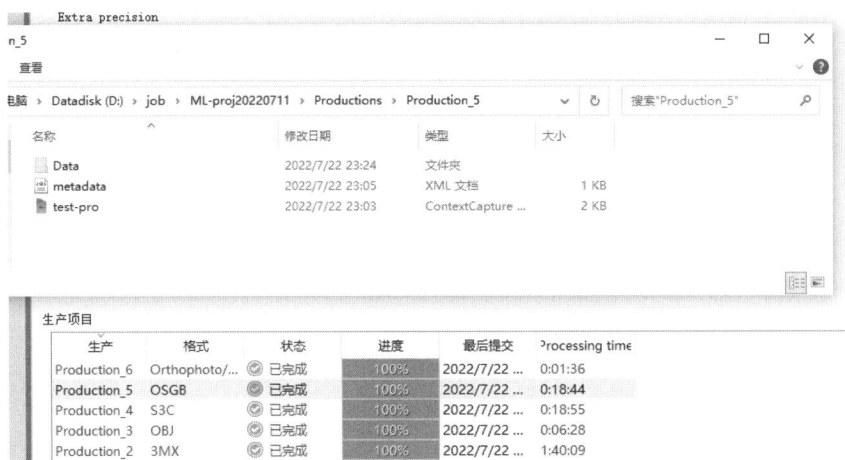

图 6-59 存入 OSGB 产品文件目录

图 6-60 三维模型

共享网络内的路径才可以。找到主机新建的文件夹，在高级项中进行设置。将外业照片文件夹放在其中。子文件夹是每个引擎的连接路径文件夹。

文件夹如何设置成共享文件夹：选中刚才建的文件夹单击右键建立文件夹共享，目录中点击"共享"-"高级共享"，根据集群运算的工作站数量设置用户限制。打开"权限"勾选"完全控制"和"更改"（图 6-61）。

共享文件的密码保护设置（共享文件夹后，其他机器访问时仍需要密码，可通过以下方式修改），打开电脑上的"网络和共享中心"，在左侧菜单栏中找到"更改

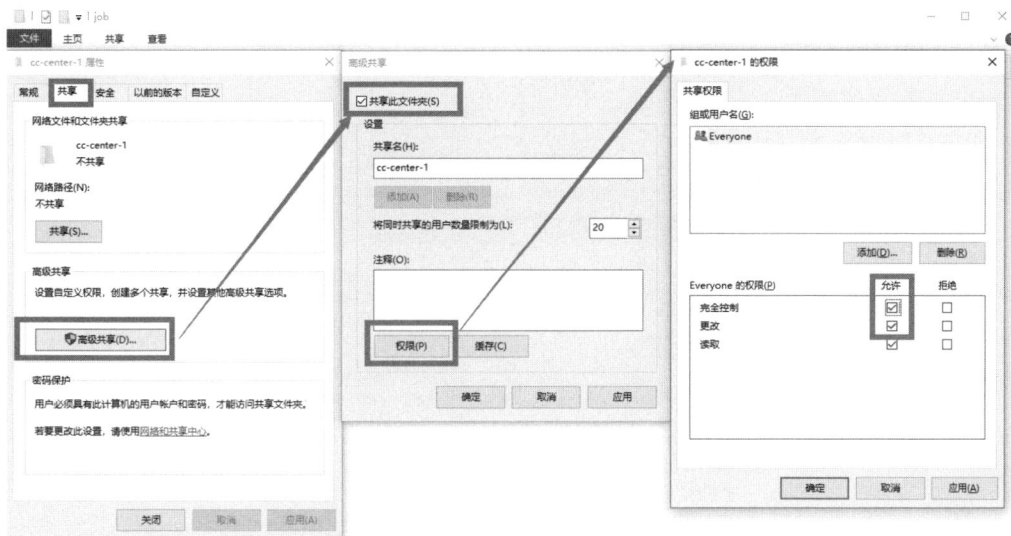

图 6-61 配置共享文件夹

高级共享设置"。在新对话框中展开"所有网络"的内容，在下端"密码保护的共享"中勾选"无密码保护的共享"（图 6-62、图 6-63）。

6.6.2 数字线划图的绘制制作

数字线划图（DLG）的成图范围为航飞全域范围。成图比例尺 1∶500，基本等高距为 0.5m。数字线划图制作流程如图 6-64。

图 6-62 设置网络和共享中心

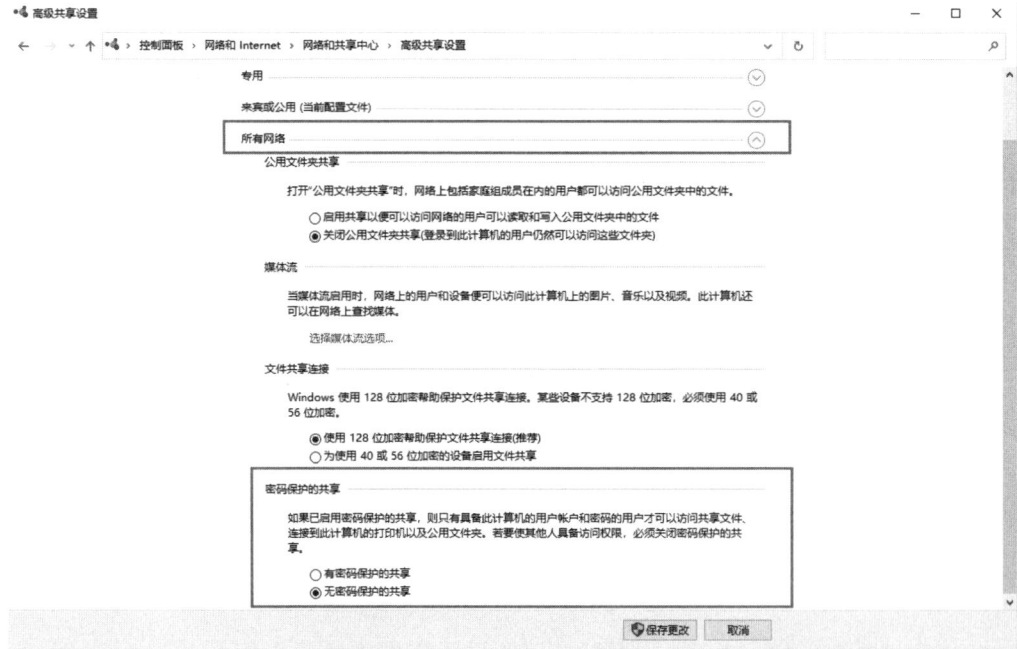

图 6-63　关闭密码保护共享

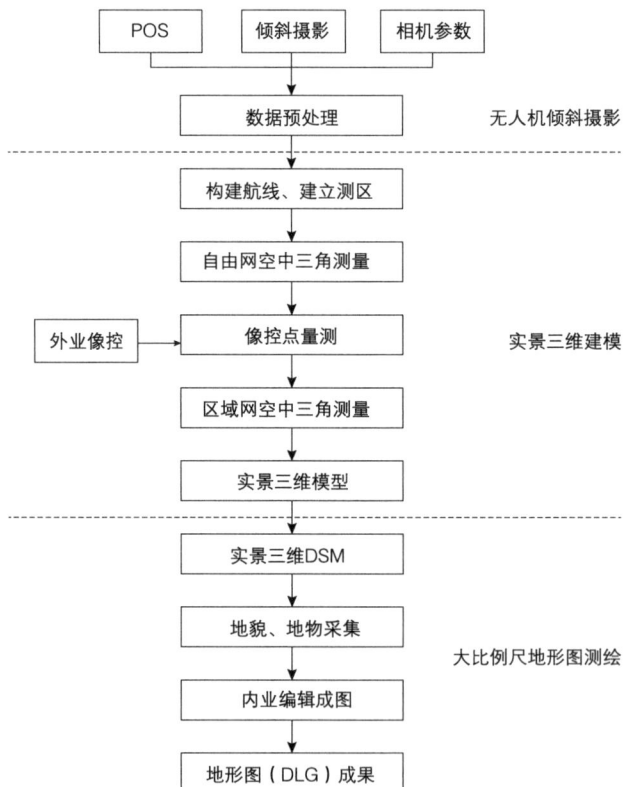

图 6-64　数字线划图（DLG）制作流程

（1）Global Mapper、CASS 提取等高线

①DEM高程数据导入：启动 Global Mapper 软件，将"dem"数据导入（图6-65）。

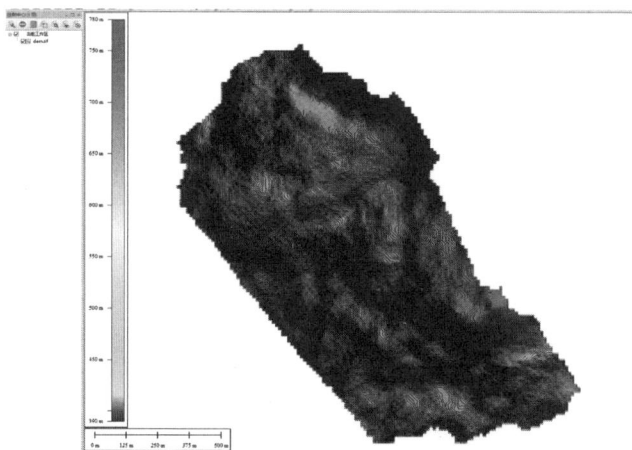

图 6-65　导入"dem"效果图

②生成等高线：在 Global Mapper 中，通过点击"分析"菜单，选择"生成等高线"选项（图6-66）。

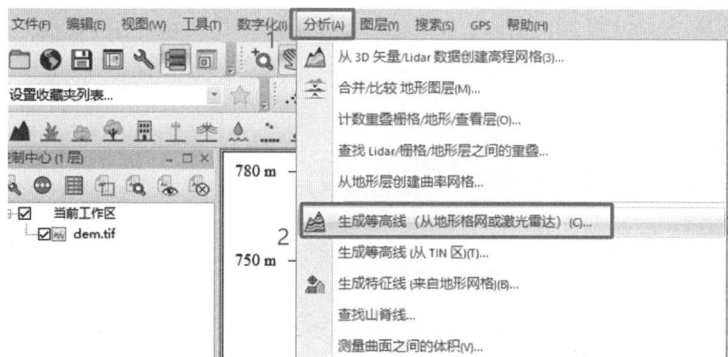

图 6-66　生成等高线

③设置等高线参数：在弹出的"等高线生成选项"窗口中，输入等高距 1m，高程范围为默认加载，并根据需要勾选生成高度标签和平滑等高线等选项（图6-67）。

④导出等高线：生成的等高线导出格式为 dwg；在 dwg 文件输出选项中，可以选择输出的 CAD 文件版本，以及是否将等高线注记的高程值同时导出（图6-68）。

⑤等高线标准化：将导出的 dwg 文件用 CASS 打开，同时新建一个图形文件，将等高线复制并粘贴（粘贴到原坐标）进新建图形文件中。绘制一条等高线首曲线，

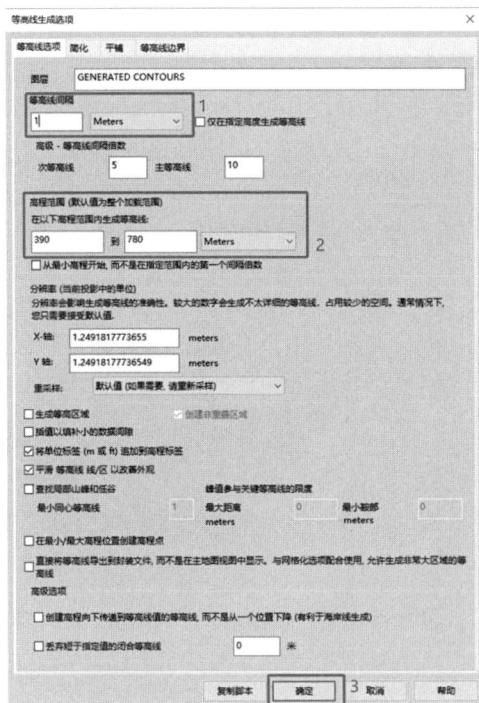

图 6-67　设置等高线参数

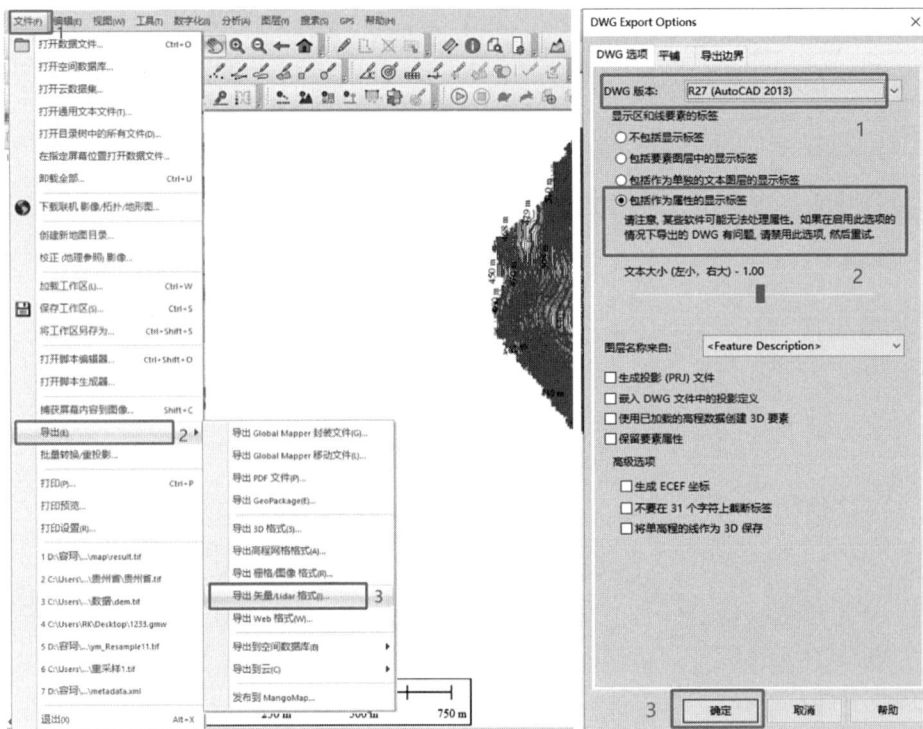

图 6-68　导出等高线

选择逐点绘制，高程为 0，拟合方式为曲线。选择所有等高线，输入快捷命令 S，再选择刚才绘制的等高线首曲线，将格式刷正确（图 6-69）。

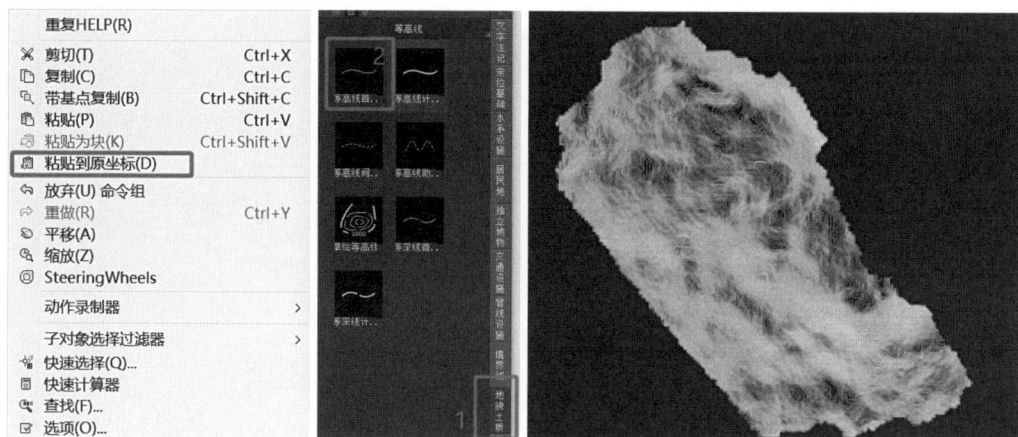

图 6-69　等高线标准化

⑥计曲线识别：对等高线进行计曲线识别，等高距为 1m（图 6-70）。

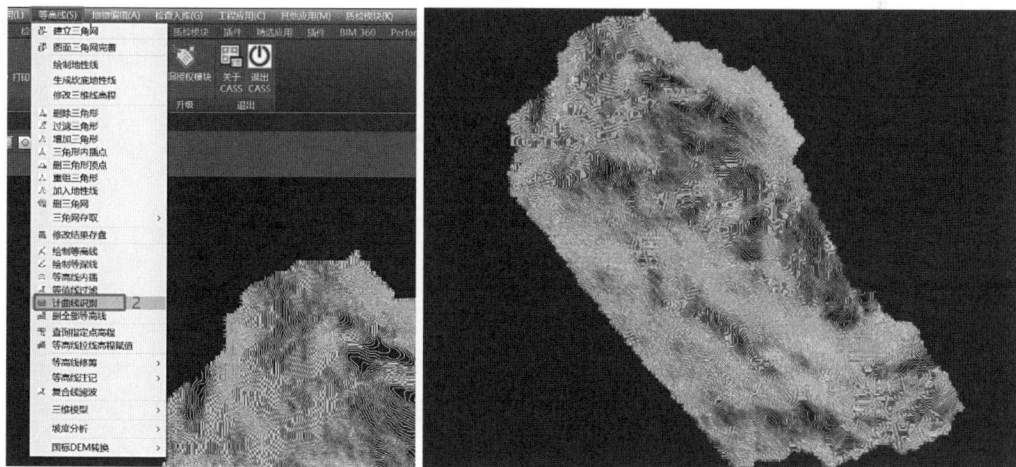

图 6-70　计曲线识别

⑦等高线修剪：生成的等高线只能算是一个模型，接下来需要对生成的等高线进行修剪，进行消隐处理。点击工具栏"等高线"，选择"等高线修剪"，选择"批量修剪等高线"再选择"整图处理"，其他保持不变（图 6-71）。

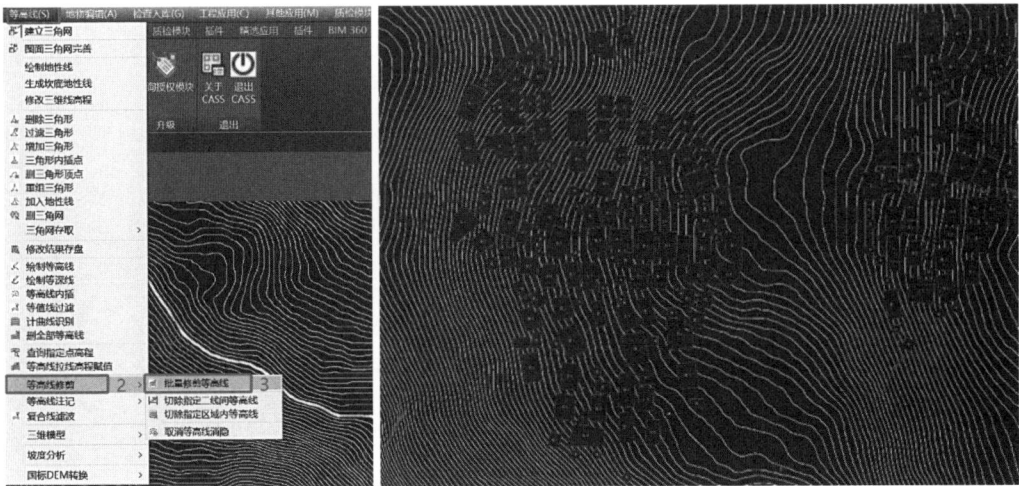

图 6-71　等高线修剪

⑧高程点注记：导出高程网格格式，选择"XYZ Grid"，选择分割样式与精度，导出（图 6-72）。

图 6-72　高程点注记

用 Execl 将导出的数据打开，进行分列，再插入两列单元格，对一列进行排序，另存为 CSV 格式，再对导出的 CSV 文件进行重命名，修改后缀为 dat（图 6-73）。

进入 CASS，展高程点，选择刚保存的 dat 文件，注记高程点距离 15m（图 6-74）。

⑨输出与提交：最后，将完成的等高线数据输出为所需的格式。

（2）DP-Mapper 采集

①居民地建筑采集

a. 导入数据：启动 DP-Mapper 软件将所需要采集的数据 metadata.xml 导入，并建立图层（图 6-75、图 6-76）。

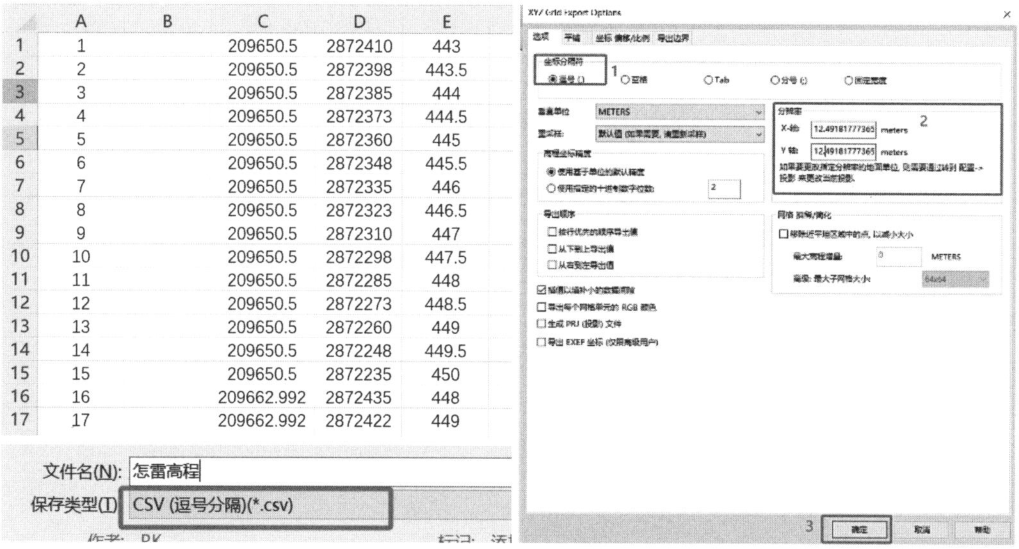

	A	B	C	D	E
1	1		209650.5	2872410	443
2	2		209650.5	2872398	443.5
3	3		209650.5	2872385	444
4	4		209650.5	2872373	444.5
5	5		209650.5	2872360	445
6	6		209650.5	2872348	445.5
7	7		209650.5	2872335	446
8	8		209650.5	2872323	446.5
9	9		209650.5	2872310	447
10	10		209650.5	2872298	447.5
11	11		209650.5	2872285	448
12	12		209650.5	2872273	448.5
13	13		209650.5	2872260	449
14	14		209650.5	2872248	449.5
15	15		209650.5	2872235	450
16	16		209662.992	2872435	448
17	17		209662.992	2872422	449

图 6-73　导出数据

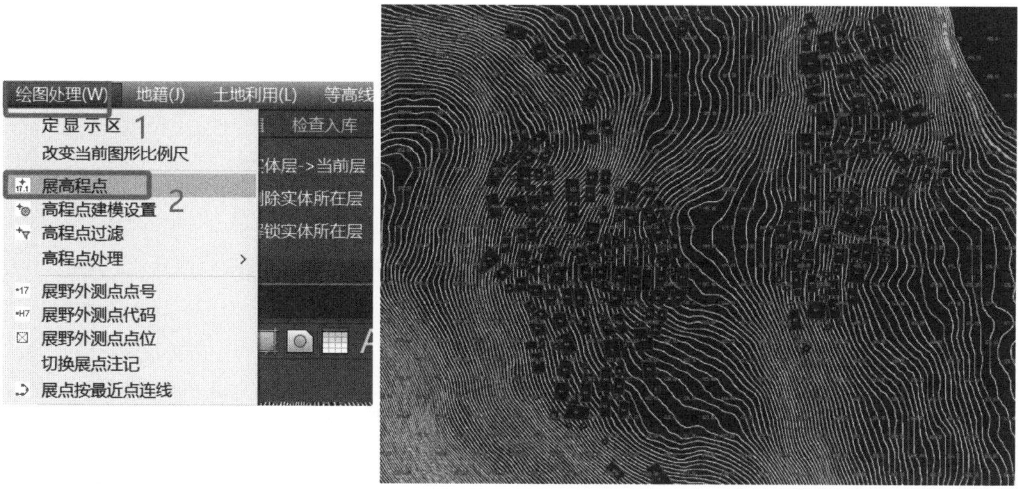

图 6-74　注记高程点

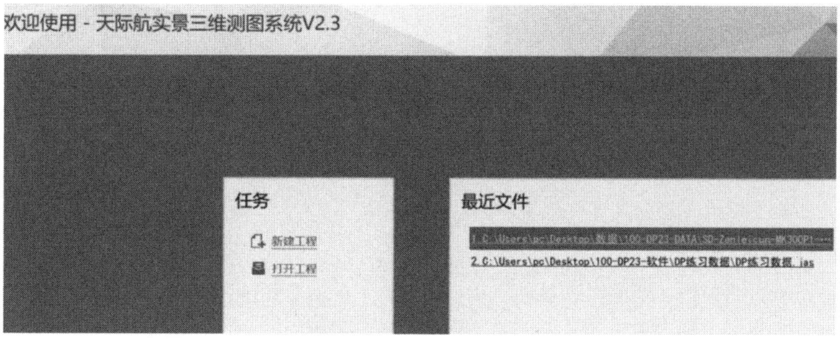

图 6-75　数据导入

图 6-76　图层建立

　　b. 定基准面（确定高度）：手动调整基准面，在工具箱中点击"基准面"，将基准面移动至建筑屋顶处。

　　c. 开始绘制：方法一，在"居民地"中寻找对应建筑类型，选择"自动计算折线直角"工具。绘制结束后，输入房屋层数，点击确定完成采集。方法二，在"居民地"中寻找对应建筑类型，选用"五点房"工具进行绘制规则房屋，不规则房屋可在"五点房"的基础上使用"插点工具"，再使用"选择工具"选择点，然后使用"平移"工具完成对点的移动进行房屋形状采集，输入房屋层数后，点击"确定"完成采集（图 6-77、图 6-78）。

图 6-77　房屋采集方法 1

图 6-78　房屋采集方法 2

②居民地附属结构采集

在居民地中选择需要采集的附属结构。在自由视图中选择顶视图，选择"矢量切割工具"顺着边线进行切割，鼠标右击确定。当附属结构与建筑不对齐时，可在"视图"中打开"二维视图"进行修改调整。同时也可利用"改变房屋高度"工具修改附属结构高度，例如：房屋阳台采集操作（图 6-79）。

③点状物采集

a. 选择：在"独立地物"中选择对应地物；

b. 定基准面：定基准面后，选择地物点出地物位置（图 6-80）。

图 6-79　阳台采集

图 6-80　点状物采集

④交通采集

a. 建立图层并确定比例与图层的名称（图 6-81）；

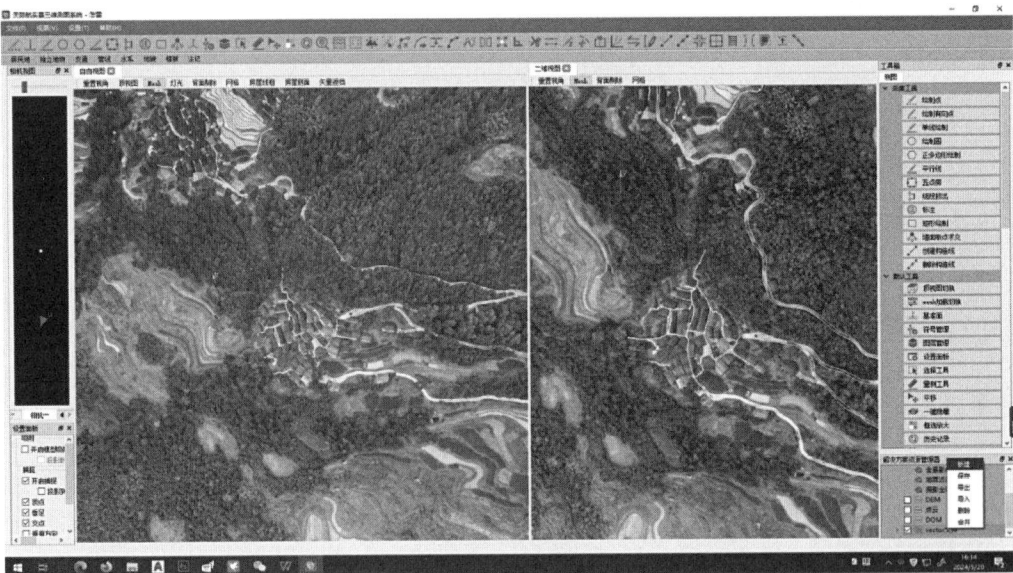

图 6-81　图层建立

b. 选择类型：选择"交通"并选择交通类型（图 6-82）；

c. 从道路起点画起，两点确定一条边，再定宽度（图 6-83）。

然后顺着边线画，若宽度发生变化则点击"修改间距"重新确定宽度后，继续绘画（图 6-84）。

图 6-82 交通类型选择

图 6-83 从道路起点确定

图 6-84　更改宽度

完成后鼠标右击结束采集（图 6-85）。

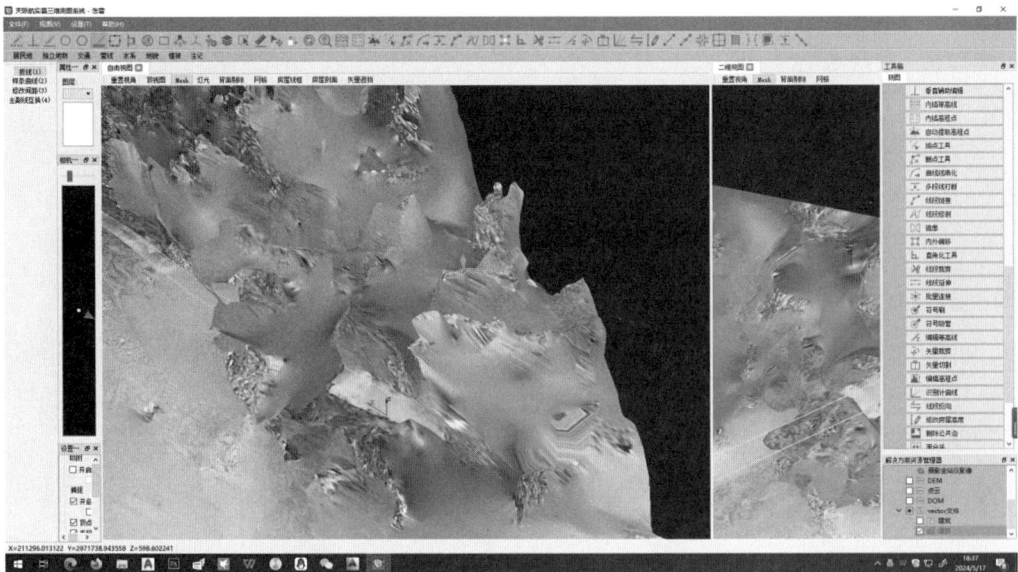

图 6-85　完成采集

d. 交叉口绘制：两条道路出现交叉时，使用"线段裁剪"工具，先选择要裁剪的道路再框选要裁剪的部分，点击右键完成采集（图 6-86、图 6-87）。

图 6-86　裁剪步骤

图 6-87　裁剪效果

可选用"线段修测"工具，选择需要修测的折线，选择"折线"沿边画出折角捕捉至另一条线，再以此方法修测其他线段。多余部分使用"线段裁剪"工具进行裁剪，点击右键完成修测（图 6-88、图 6-89）。

⑤管线采集

a.图层建立：建立"管线"图层，并开启"吸附"功能；

图 6-88　修测过程

图 6-89　修测效果

b. 选择类型：在"管线"工具中选择需要采集的类型，如电杆采集；

c. 定基准面：定基准面后，在自由视图中标记出电杆位置，即可完成采集（图 6-90）。

⑥水系采集

a. 图层建立：建立"水系"图层，并开启"吸附"功能。

b. 选择类型：在"水系"中选择需要采集的类型。

c. 定基准面：定基准面后，选择水系类型进行绘制，点击右键完成采集（图 6-91）。

图 6-90　管线采集

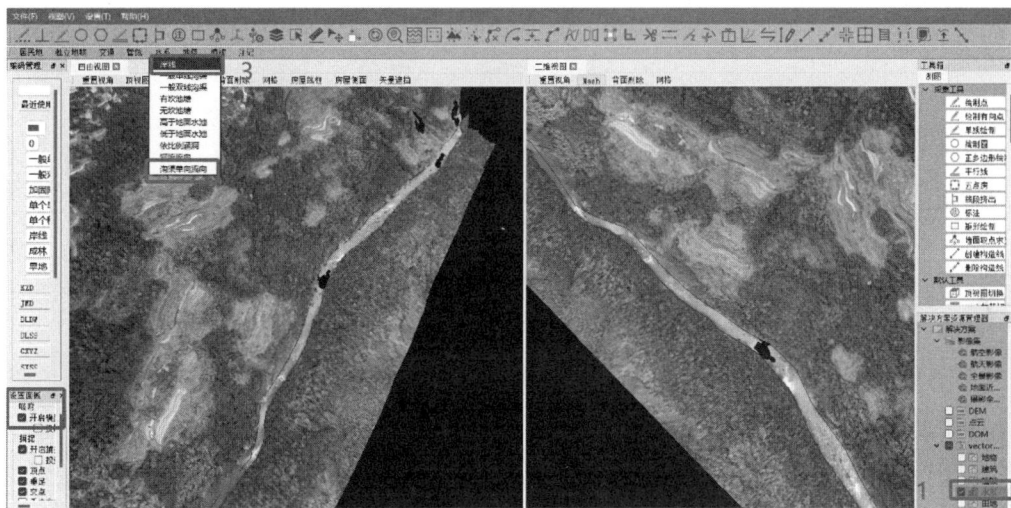

图 6-91　水系采集

⑦植被采集

a. 图层建立：建立"植被"图层，并开启"吸附"功能。

b. 选择类型：在"植被"中选择需要采集的类型（图 6-92）。

c. 定基准面：定基准面后，选择"折线"工具进行绘制，点击右键结束采集（图 6-93、图 6-94）。

⑧地貌采集

a. 图层建立：建立"地貌"图层，并开启"吸附"功能。

b. 选择类型：在"地貌"中选择需要采集的类型，选择"折线"（图 6-95）。

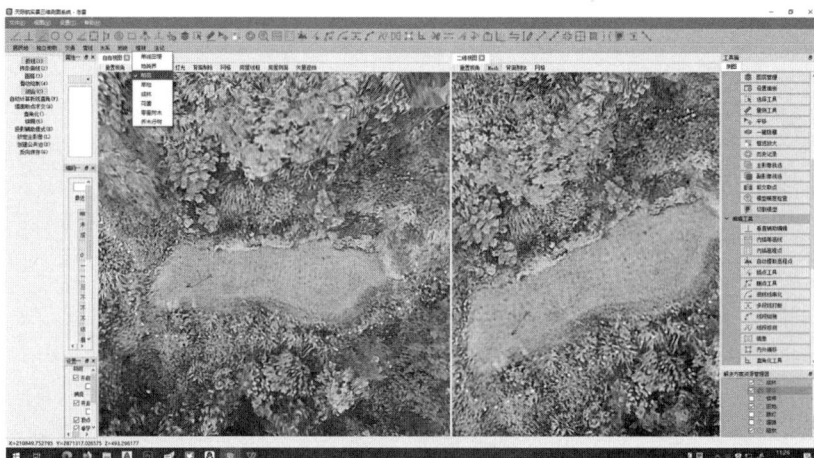

图 6-92 选择类型

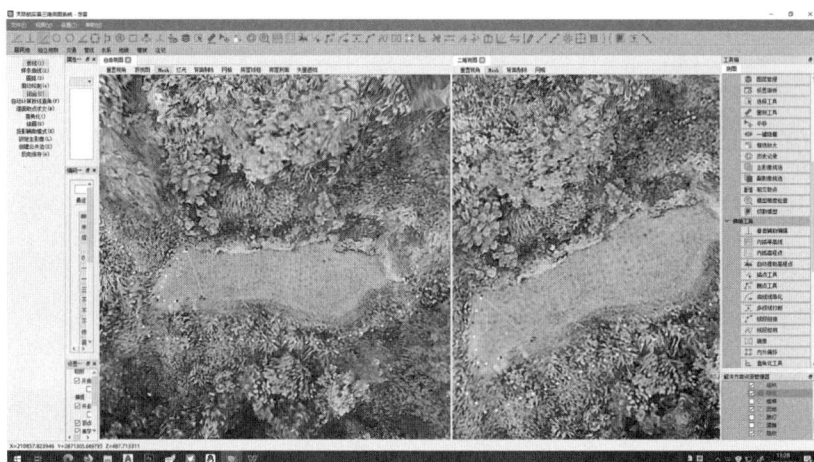

图 6-93 开始绘制

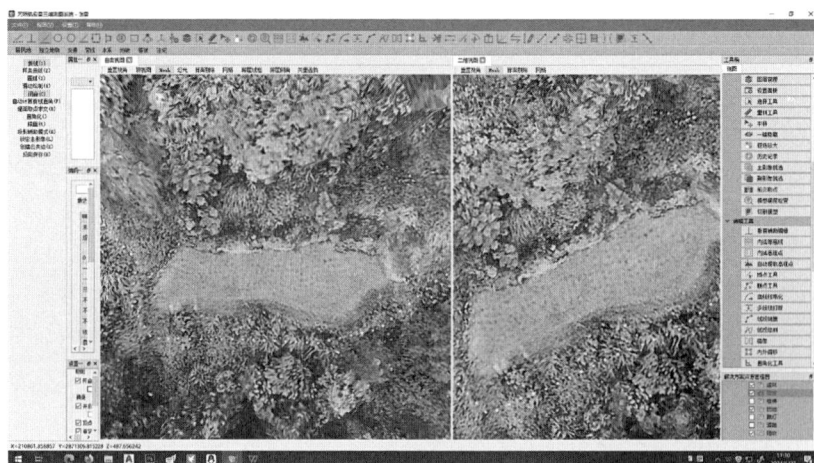

图 6-94 完成采集

图 6-95 选择类型

图 6-96 开始绘制

图 6-97 使用"设置转折点"工具

c. 开始绘制：选择对应位置，先从上方进行绘制（图6-96）。

d. 绘制完成时，使用"设置转折点"工具，选择上下线转折点（图6-97）。

e. 在"选择工具"中选择地貌后通过点击右键等方式，调整地貌，点击右键完成采集（图6-98）。

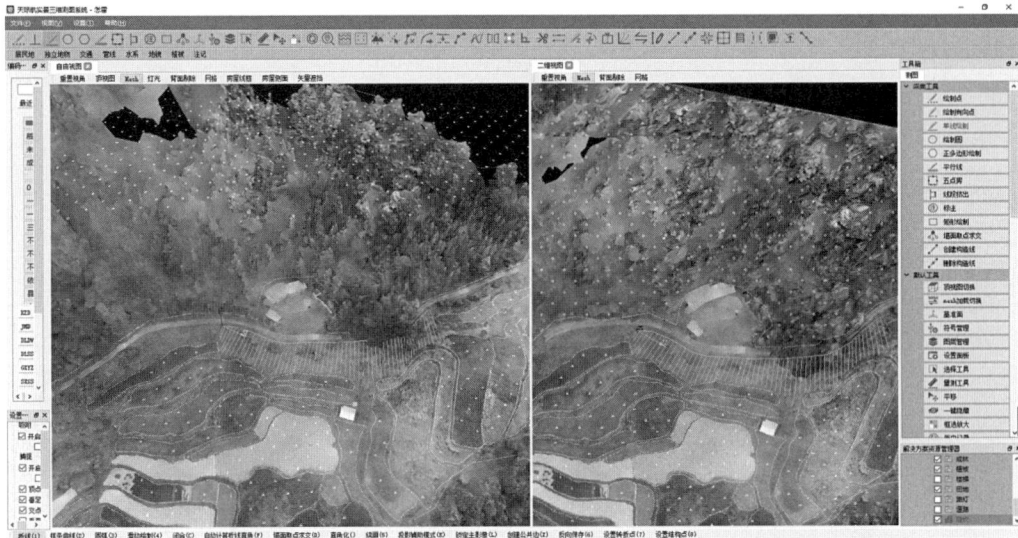

图6-98 绘制效果

（3）质量控制

地形图应表示测量控制点、居民地和垣栅、工矿建筑物及其他设施、交通及附属设施、管线及附属设施、水系及附属设施、境界、地貌和土质、植被等各项地物、地貌要素，以及地理名称注记等；并着重显示与测图用途有关的各项要素。

地物、地貌各项要素的标示方法和取舍原则遵守下列各项规定：

①地形图上均展绘或测绘出各等级三角点（包括各等级的平面控制点）、图根点、水准点等测量控制点，并按规定的符号表示。

②各类建筑物、构筑物及其主要附属设施均进行测绘，房屋外廓以墙角为准。居民区房屋详细测绘，建筑物、构筑物轮廓凸凹在图上小于0.5mm时（即构筑物轮廓凸凹小于1m），用直线连接。独立地物能按比例尺表示的实测外廓，填绘符号；不能按比例尺表示的，均准确表示其定位点或定位线。

③地形图的线状地物，如管线、高低压线等，实测其支架或电杆的位置。高压线路注明千伏安。线路密集或居民区的低压电线、通信线根据用途需要测绘，管线转角均实测。测区范围内有重要的通信电缆等地下管线时，详细测定其位置。

④公路及其附属物按实际形状测绘。测绘已建公路应施测路肩边缘，并标注路

面类型；公路里程碑实测其点位，并注明里程数；公路交叉口处注明每条公路的走向；人行小道视需要进行测绘。

⑤水系及其附属物按实际形状测绘。

⑥水渠测注水渠底及渠顶边的高程；堤坝测注顶部及坡脚高程；水井测注井台高程。河沟、水渠在地形图上的宽度小于1mm时，用单线表示。

⑦地貌以等高线表示为主，明显的特征地貌（如陡崖、冲沟等）以符号表示。在山顶、鞍部凹地及斜坡方向不易判读的等高线上，加绘示坡线。露岩、独立石、土堆、冲沟坑穴、陡坎等分别测注高程或比高。冲沟、雨裂沟底宽在图上小于3mm时用单点线表示沟中心，大于3mm时分别测山坡脚，其间距大于10mm时勾绘沟底等高线。

⑧植被的测绘按其经济价值和面积大小适当取舍。农业用地施测时按实地作物类别绘示在地形图上。地界类与线状地物重合时绘线状地物符号。梯田坎等地物、地貌，其水平投影在图上大于2mm时，施测坎脚。当两坎间距在图上小于5mm或坎高小于0.5m时适当取舍。当两坎间距在图上大于20mm时绘等高线。居民地、机关、山岭、河流和道路干线等按现有的名称注记。

⑨图形文件层设置见表6-3[①]。

图形文件层设置表　　　　　　　　　　　　　　　　　　　表6-3

序号	层次内容	层名	颜色号	包含地物
1	控制点	KZD	红色	各等级控制点及注记
2	居民地及附属物	JMD	紫色	居民地、建筑及其附属门、门廊、台阶、楼梯、建筑物、支柱、栅栏、篱笆、铁丝网及注记
3	道路、桥梁、街道线	DLSS	青色	道路、桥梁及有关符号及注记
4	电力、通信及管线	GXYZ	黄色	电力线、通信线和管线及其注记
5	等高线	DGX	黄色	等高线
6	高程点	GCD	红色	高程点及注记
7	植被特征	ZBTZ	绿色	植被符号及注记
8	独立地物	DLDW		独立地物、各种其他不依比例尺符号等
9	水系	SXSS	蓝色	水系、水利设施、水系说明等
10	地貌特征	DMTZ	绿色	陡坎、斜坡、土堆、田埂、地类界等
11	境界	JJ	黄色	境界及注记

（4）工作流程

采用EPS地理信息工作站基础平台进行裸眼3D立体测图，测绘与地理信息角度构建数据模型，综合CAD（计算机辅助设计，图形绘制平台）技术与GIS（地理信

---

① 中华人民共和国交通运输部.公路勘测规范 JTG C10—2007 [S]. 北京：人民交通出版社，2007.

息系统，空间数据管理）技术，以数据库为核心，将图形和属性融为一体，从数据生产源头支持测绘的信息化转变。

立体采集工作流程：工作环境准备、建立 EPS 文件、导入三维模型、导入 DOM、立体采集编辑、数据检查、成果输出（图 6-99）。

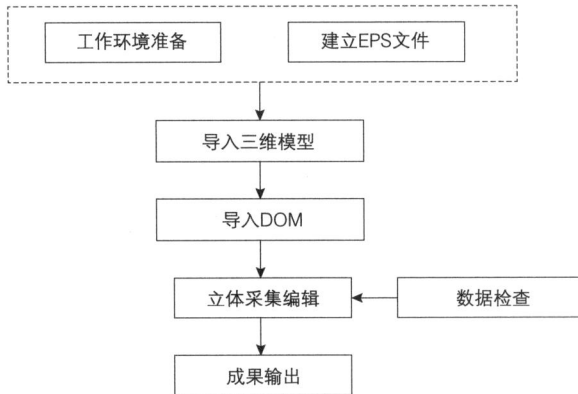

图 6-99 立体采集工作流程

（5）内业采集

裸眼 3D 信息采集对于信息化的 DLG 数据，表现在完全面向对象的动态符号化且一套数据二三维符号化一致、图属一体化、图库一体化。所有地理要素全部用骨架线属性描述方式表示，完全满足 GIS 建库与应用需求，在显示与打印环节动态符号化，完全满足图式规范与制图需求。

（6）细部采集

按模型进行全要素采集，做到不变形、不移位、无错漏。采集依比例及用符号表示的地物时，应以测标中心切准轮廓线或拐点连接，采集不依比例表示地物时，就以测标中心切准基点、结点、定位线。对模型不清楚，无法准确定位时，务必在相应位置做标记，以便外业补测（图 6-100）。

6.6.3 数字正射影像图绘制制作

DOM 制作采用 EOS DOM 制作软件，利用生成的数字高程模型对航空影像进行微分纠正、对生产单片正射影像图进行镶嵌、分幅裁切。制作数字正射影像图（DOM）时以图幅的左上角像素中心点为起算点。

（1）DOM 数据采集的内容及要求

① DOM 数据应既具有地图精度又有影像的特征，包括影像数据、地理定位信息和相应的元数据。

图 6-100 立体采集

② DOM 数据中地面明显地物点的平面位置精度应符合要求。

③数字正射影像图应与相邻影像图接边，接边误差不应大于 2 个像元。接边后不应出现影像裂隙或影像模糊现象。

④ DOM 影像应连续完整、清晰易读、反差适中和色调均匀。避免重影、模糊或纹理断裂等现象。

⑤ DOM 上的地物地貌应保持真实，避免扭曲、噪声、云影等缺陷。

⑥ DOM 产品规格：

a. DOM 产品数据形式：非压缩 GeoTIFF 文件 tif 格式；图廓整饰文件 DWG 格式；定位信息文件 TFW 格式；元数据文件 mat 格式，按《基础地理信息数字产品元数据》CH/T 1007—2001 样本制作。

b. DOM 存储数据形式：以标准图幅为单位存储数据。

c. DOM 地面分辨率：0.2m。

d. DOM 色彩：彩色。

（2）DOM 制作流程（图 6-101）

a. 像片匀光。选择样片，对原始像片做匀光匀色处理。本着自然美观的原则，对影像进行适当调整，使影像清晰，色彩柔和，反差适中，幅与幅

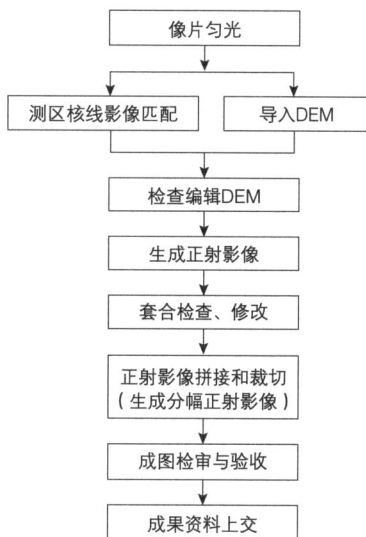

图 6-101 DOM 制作流程

之间无明显色差。

b. 检查编辑 DEM。导入相应的 DEM，看是否有不贴合地面 DEM 点，选中需要处理的影像，设定相片比例尺为 1∶2000，地面分辨率为 0.2m。

c. 生成正射影像。选定输出范围，一般为"像主点中心范围"，当相邻两片之间出现缝隙时，选择"像主点中心边界最大"或"相片最大范围"。

d. 套合检查、修改。观察单片正射影像，如有异常（影像扭曲等），则对该部分进行标记，然后返回到 DEM 进行检查和纠正，最后重新进行正射纠正。

e. 正射影像拼接与裁切。选择图幅范围内需要镶嵌的所有单片正射影像，对其完成拼接、图幅裁切，最后生成 tif 影像文件和影像定位信息 tfw 文件。正射影像间拼接时，应检查和适当编辑拼接线，合理选择平滑参数，使拼接效果最佳，无明显拼接缝。拼接线应尽量避开成片居民区，最好沿河流中间或道路中间排列。

f. 图幅裁切时，以所裁切图幅的左上角像素中心点坐标为起算点按 1∶2000 分幅对影像进行裁切，得到对应图幅的 tif 及 twf 文件。

（3）DOM 数据内容及要求

①数据内容

DOM 数据应既具有地图精度又有影像的特征，包括影像数据、地理定位信息和相应的元数据。

②数据要求

a. DOM 数据中地面明显地物点的平面位置精度应符合现行行业标准《城市测量规范》CJJ/T 8—2011 中相应精度要求；

b. 相邻 DOM 影像镶嵌处的接边限差应不大于 2 个像元。

c. DOM 影像应连续完整、清晰易读、反差适中和色调均匀。避免重影、模糊或纹理断裂等现象。

d. DOM 上的地物地貌应保持真实，避免扭曲、噪声、云影等缺陷。

③精度要求

a. DOM 影像图上分辨率为 0.2m。

b. DOM 地物点相对于邻近平面控制点的中误差，平地、丘陵地应小于或等于图上 0.5mm，山地、高山地就小于或等于图上 0.75mm。

c. 阴影、摄影死角、森林、隐蔽等困难地区的地物点点位中误差可按上述精度规定值放宽 0.5 倍。

d. DOM 数据具体要求以《基础地理信息数字成果 1∶500 1∶1000 1∶2000 数字正射影像图》CH/T 9008.3—2010 等标准中相关要求为准。

6.6.4 村域和村庄层面其他各类图纸绘制

（1）卫星图片获取

一般村域的卫星图片采取购买卫星服务或截取免费资源的方式获取（图6-102）。

图6-102 正射影像卫星图

（2）村域环境类

环境分析类图纸有两种方式：一是采取卫片标注村域环境要素的方式；二是与最新第三次全国国土调查成果数据库配合，互补结合形成具有地类信息相关的分析成果（图6-103、图6-104）。

（3）选址格局类

格局类属于分析性图纸，强调对自然地形结构、村庄形态等的归纳总结，一般不需要精准，而是要强调格局特征的总体描述（图6-105）。

另一类增加选址格局的测绘定量表达，可以在选址格局类图纸中增加与山水林田湖草路的关系分析、山脊线、汇水线、重要文化空间场所的竖向标高、重要功能区的坡度等信息（图6-106）。

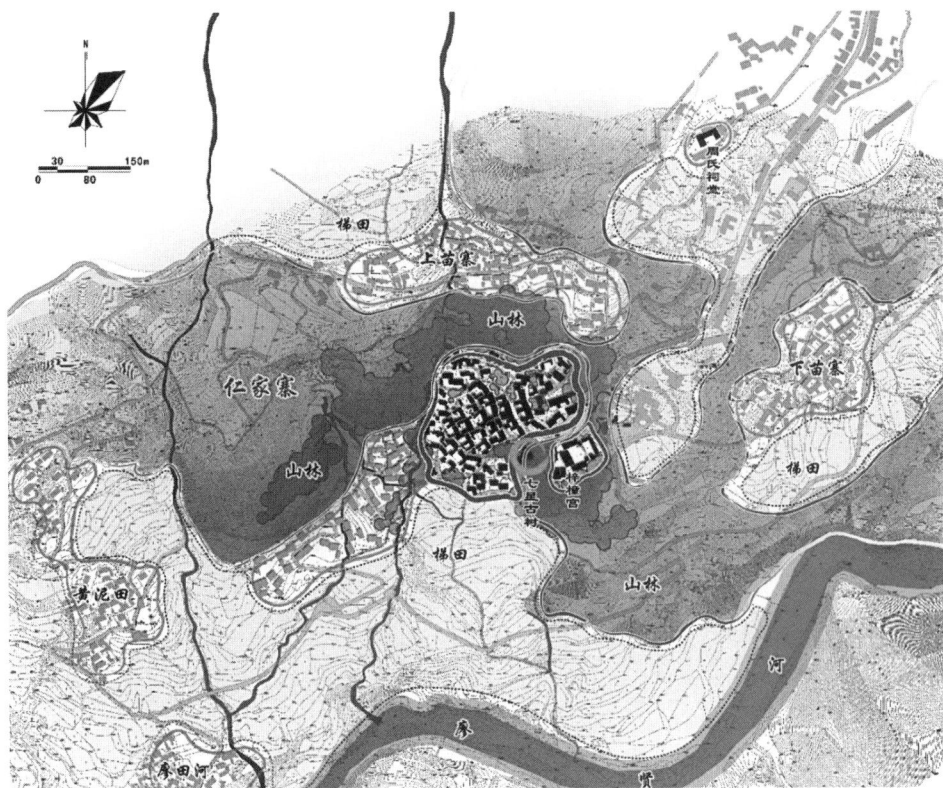

图 6-103　村域环境分析图（村域环境特征点标注模式）

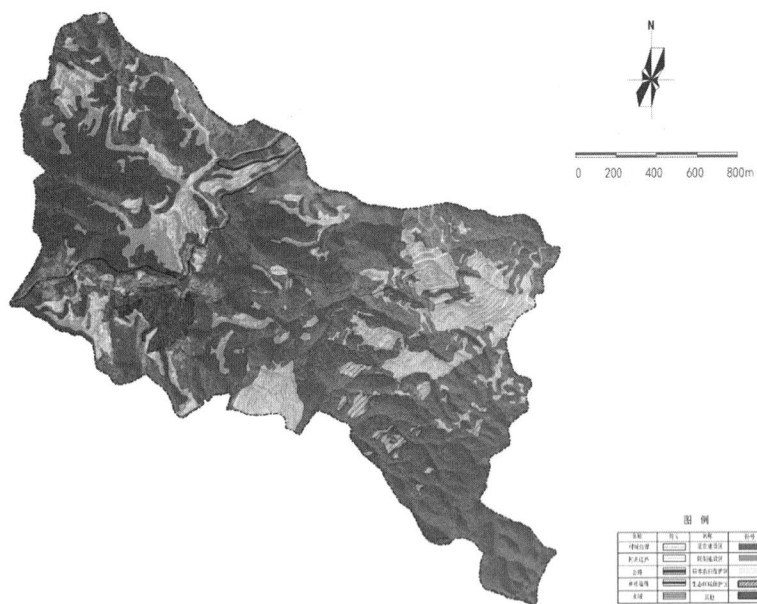

图 6-104　村域环境分析图（与三调数据结合模式）

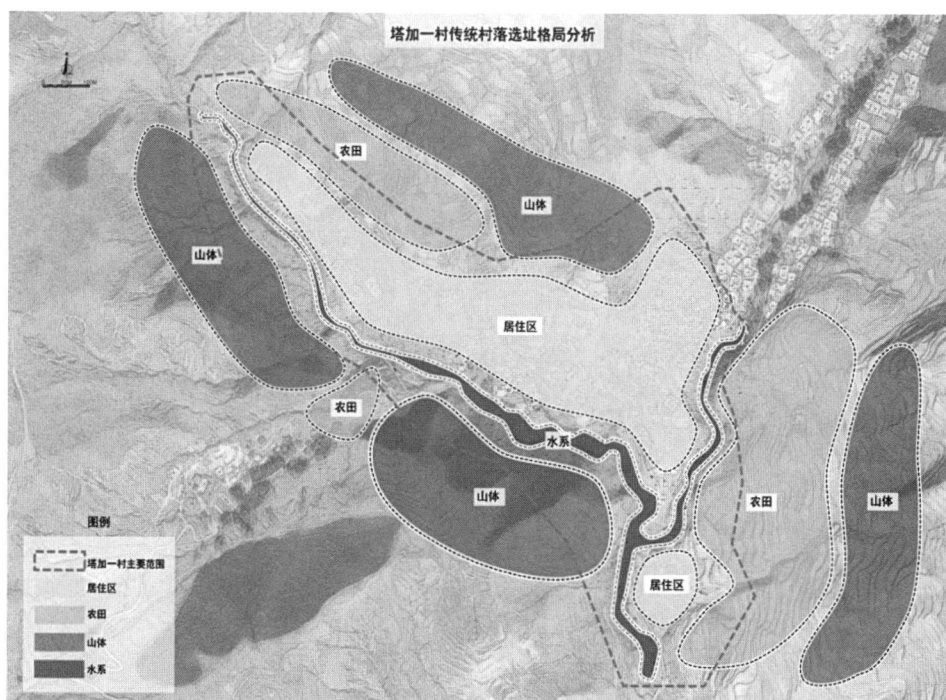

图 6-105 村落选址与格局分析图

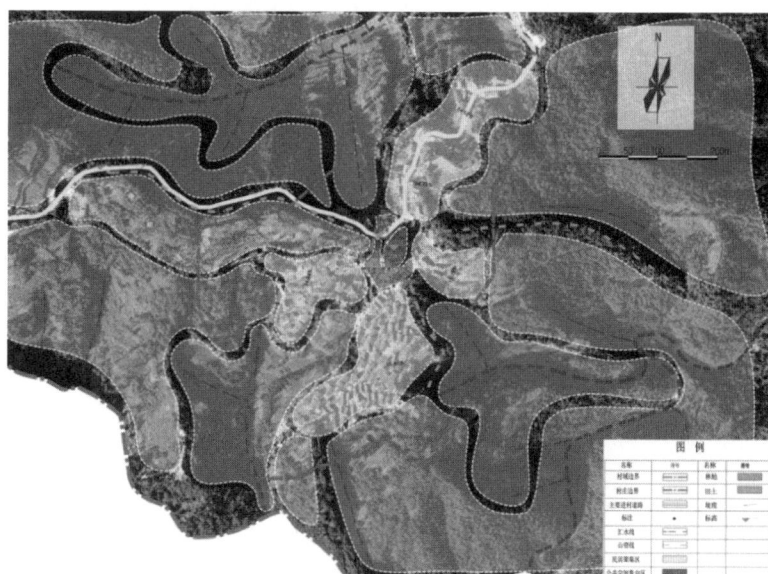

图 6-106 村庄选址格局分析图

（4）村落总平面与传统建筑分布类

村落总体分布平面图在现状踏勘调研、三维实景模型、数字划线图基础上绘制而成（图 6-107）。

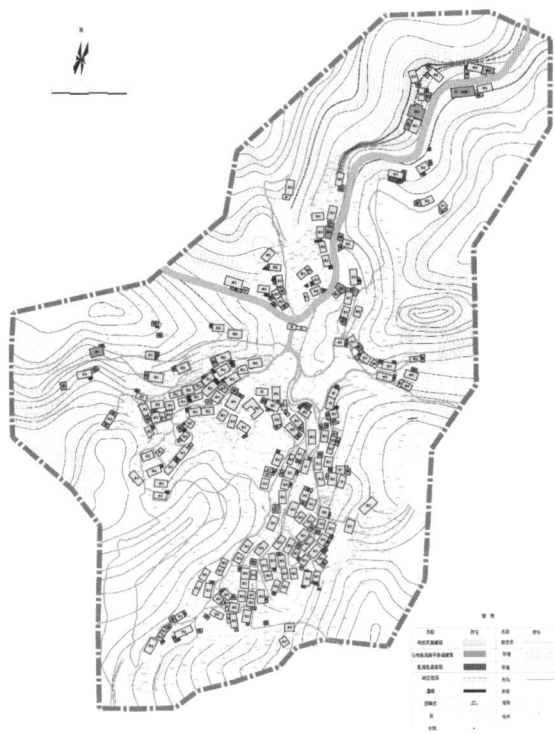

图 6-107　村落总体分布平面图

（5）鸟瞰图类

鸟瞰图通常由两种方式生成，一是采取无人机直接航拍、定点 VR 或大场景由无人机多照片自动合成；二是三维实景建模后任意视角截取（图 6-108~ 图 6-110）。

图 6-108　传统聚落鸟瞰图（无人机航拍模式）

图 6-109　传统聚落村落鸟瞰图（三维实景建模）

图 6-110　传统聚落三维实景模型

（6）传统建构筑物图纸与历史环境要素类图纸制作

通过整理测稿、数据校核进行测稿处理，最终形成传统建筑分布图，典型传统建筑总图、平面图、立面图、剖面图，建筑构造详图等。历史环境测绘要素包括塔桥亭阁，井泉沟渠，壕沟寨墙，堤坝涵洞，石阶铺地，码头驳岸，碑幢刻石，庭院园林，古树名木，传统产业遗存，历史上建造的用于生产、消防、防盗、防御的特殊设施等，为了解村落历史、文化内涵等提供基础数据（图 6-111、图 6-112、表 6-4、表 6-5）。

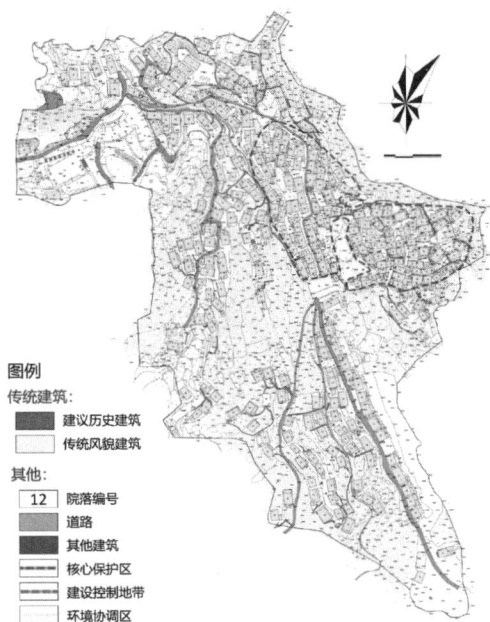

图 6-111　传统建筑分布图

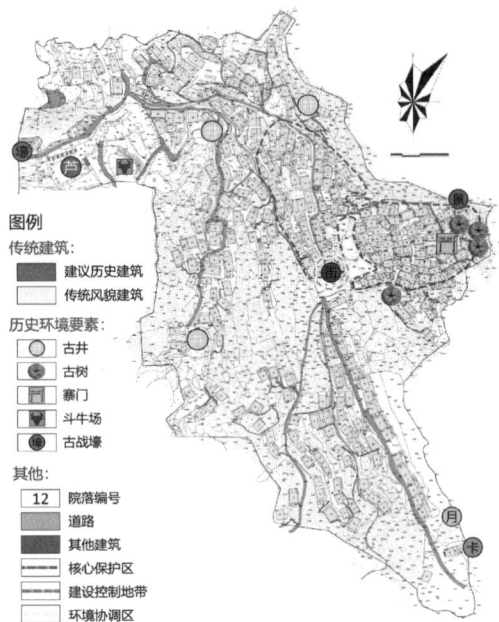

图 6-112　历史环境要素分布图

传统建筑统计表　　　　　　　　　　　　　　表 6-4

	建筑名称	各级文物保护单位及数量	历史建筑数量
基本信息	注：建筑名称填写民居、祠堂、庙宇、书院等，以及乡土建筑名称，如徽派民居、××故居、吊脚楼、土楼、窑洞等。	国家级：____处 省级：____处 市级：____处 县级：____处 文保单位是否为古建筑群： □是□否	市级政府认定：____处 县级政府认定：____处
	全部传统建筑物占村庄建筑总栋数的比例：____（%）。仍在使用的传统建筑物的比例____（%）。		
传统建筑分布情况简介			

建筑信息表　　　　　　　　　　　　　　表 6-5

		□个人　□集体　□政府	
权属信息	产权归属	（如归个人，需填写以下其他家庭信息）	
	户主姓名	户籍人口	常住人口

续表

建筑基本信息	始建时间	□元代以前　□明代　□清代　□民国时期　□新中国成立以后		
	建筑是否列入各级保护名录	□国保　□省保　□市保　□县保　□历史建筑　□其他		
	保护状况	□保护状况良好　□保护状况一般　□保护状况差、损毁严重		
	是否列入农村危房改造范围	□是　□否		
	利用状况	□闲置　□居住　□利用，用途：		
	总占地面积	____m²	建筑面积	____m²
	建筑层数	____层	房屋间数	____间
建筑概述				
重要的改建历史				
建筑中的故事				

6.7　补测与预验

野外调绘是航测外业的最后一道工序，也是确保地形图数学精度和地理精度的重要环节。外业人员按规范、图式、设计书的要求，利用航内初编的线划图对内业测绘的地形要素进行野外检查、调绘及补测。因此在调绘工作中要做到四到：走到、看到、问到、测到。调绘补测工作要认真细致，对原图上的每一条线、每一个符号都要仔细判读，并将所调绘的内容及相关测量的数据用红笔标注在图纸上，做到图面整洁、易读，字迹清晰不乱，数据交代明确，综合取舍合理。其主要工作内容为调注各种地理名称、房檐改正数据、房屋层数结构等；补测原图上没有的地物、地貌要素；测注建成区铺装路面高程注记点；检查纠正内业错绘的地物、地貌；实地检测地物、地貌的绝对精度和地物的相对精度。

为确保图幅的地理精度，对图内所有的地物、地貌元素应逐一进行量注、定性、取舍，准确真实反映地物、地貌。对航内的差、错、漏，外业调绘能处理的一定要处理清楚。对新增地物、地貌要实地补测。一般补测内容直接清绘在线划图上，各类补测要素要有足够的定位数据，能准确地进行内业数据图形编辑；大面积补测的内容应在外业形成图形数据并编辑后提供给内业。在清绘或编辑时要遵循线状要素连通、面状要素封闭的数据要求。

【课后习题】

1. 简述传统聚落轻量化测绘的基本流程。

2. 低空倾斜摄影时，航飞像控可采用哪几种模式？

3. 传统测记法可以运用的测绘工具有哪些？

4. 三维激光扫描仪根据工作方式和测距原理可分为哪几种类型？

第 7 章
传统聚落测绘内容及成果要求

【教学目的】本章主要通过了解各类测绘的目标、成果内容、技术要求、绘制要求以及图纸电子文件的格式要求等，进一步完善传统聚落测绘图纸。首先掌握各类测绘任务要求，进而判断目标聚落所属的测绘类型，最终根据该类型确定所需包含的图纸内容。再则，依据图纸内容选择应采纳的技术，最终制作测绘成果，并按照相关要求对图纸进行电子文件存档。

7.1 村域测绘成果要求

传统聚落的村域测绘是从宏观上对传统村落地理位置、环境状况、资源分布和位置关系进行总体性的描述，其测绘的范围应该包含村域及其缓冲区。其中测绘要素需要包括山、水、林、田、湖、草、沙、路、房等影响村落选址的环境要素。在村域测绘的技术选择上，建议采用低空数字航空摄影、实时动态测量（RTK）等技术。

7.1.1 成果清单

传统聚落村域测绘主要成果包括村域数字线划地形图、村域正射投影图、村域环境分析图、村域三维实景模型等（图 7-1、图 7-2）。根据传统聚落的不同类型，村域测绘包括全面测绘、典型测绘、简略测绘。不同测绘类型的典型成果应用可按表 7-1 确定。

村域测绘成果的典型应用   表 7-1

测绘类型	测绘成果	典型应用场景
全面测绘	村域数字线划地形图	建立档案：传统村落申报档案、数字博物馆等 编制规划：村庄规划、传统村落保护发展规划等 科学研究：数据收集、过程监测等 决策咨询：乡村振兴、产业发展等
	村域正射投影图	建立档案：传统村落申报档案、数字博物馆等 编制规划：村庄规划、传统村落保护发展规划等 科学研究：数据收集、过程监测等 决策咨询：乡村振兴、产业发展等
	村域环境分析图	编制规划：村庄规划、传统村落保护发展规划等
	村域三维实景模型	编制规划：村庄规划、传统村落保护发展规划等 科学研究：数据收集、过程监测等
典型测绘	村域数字线划地形图	建立档案：传统村落申报档案、数字博物馆等 编制规划：村庄规划、传统村落保护发展规划等 科学研究：数据收集、过程监测等 决策咨询：乡村振兴、产业发展等

续表

测绘类型	测绘成果	典型应用场景
典型测绘	村域正射投影图	建立档案：传统村落申报档案、数字博物馆等 编制规划：村庄规划、传统村落保护发展规划等 科学研究：数据收集、过程监测等 决策咨询：乡村振兴、产业发展等
简略测绘	村域正射投影图	建立档案：传统村落申报档案、数字博物馆等 编制规划：村庄规划、传统村落保护发展规划等 科学研究：数据收集、过程监测等 决策咨询：乡村振兴、产业发展等

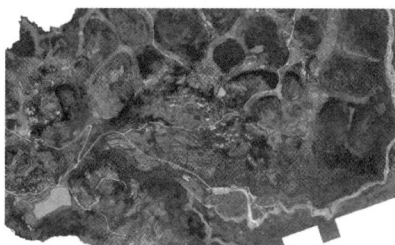

图 7-1　青杠坡村村域正射投影图　　　　图 7-2　细沙村村域正射投影图

7.1.2　技术要求

（1）低空数字航空摄影地形测量、正射投影测量、三维实景测量应符合《低空数字航空摄影测量内业规范》CH/T 3003—2021、《低空数字航空摄影测量外业规范》CH/T 3004—2021、《低空数字航空摄影规范》CH/T 3005—2021 的规定。

（2）RTK 地形测量应符合《全球定位系统实时动态测量（RTK）技术规范》CH/T 2009—2010 的规定。

（3）进行航空正射影像数据采集时应垂直拍摄村落，无法正面拍摄全景时，应先正面拍摄部分影像，后期再拼接合成。

（4）数字正射影像图的影像质量、图廓整饰及数据存储等应符合《基础地理信息数字成果 1∶5000 1∶10000 1∶25000 1∶50000 1∶100000 数字正射影像图》CH/T 9009.3—2010 的规定。

（5）数字栅格地图的分辨率、精度、色彩模式、数据存储等应符合《基础地理信息数字成果 1∶5000 1∶10000 1∶25000 1∶50000 1∶100000 数字栅格地图》CH/T 9009.4—2010 的规定。

（6）应在不小于 1∶5000 的近期测绘地形图上，标示山、水、林、田、湖、草、路等要素，形成村域环境分析图。

7.1.3　图纸比例及数据格式

（1）图纸的图名命名格式应为"传统村落名称—图纸内容"。

（2）图签应包含测绘单位、测量人员、绘图人员、校对审定、图名、日期、图号和相关文字说明。

（3）测绘图比例及数据格式应满足以下要求（表 7-2）：

村域测绘成果要求　　　　　　　　　　表 7-2

图纸分类	图纸类型	绘图比例	数据格式
全面测绘	村域数字线划地形图	1：2000 或 1：5000	DWG
	村域正射投影图	1：5000	TIFF 或 JPG
	村域环境分析图	1：5000	DWG 或 SHP
	村域三维实景模型		OSGB
典型测绘	村域数字线划地形图	1：1000 或 1：2000	DWG
	村域正射投影图	1：5000	TIFF 或 JPG
简略测绘	村域正射投影图	1：5000	TIFF 或 JPG

7.2　村庄测绘成果要求

7.2.1　目标与任务

村庄测绘是对村落传统格局特征的描述，包括传统建筑、历史环境要素等重要资源的分布情况和相对关系等，测绘范围应以建成区范围相应外扩，覆盖传统村落基本要素。村庄测绘宜采用低空数字航空摄影、实时动态测量（RTK）等技术。村庄测绘要素包括与村落格局紧密关联的地形地貌、街巷肌理、重要公共空间等。

7.2.2　成果内容

村庄测绘主要成果包括数字线划地形图、正射投影图、传统村落鸟瞰图、传统村落总体分布平面图、村落选址与格局分析图等（图 7-3~ 图 7-6、表 7-3）。

村庄测绘成果的典型应用　　　　　　　表 7-3

测绘类型	测绘成果	典型应用场景
全面测绘	数字线划地形图	建立档案：传统村落申报档案、数字博物馆等 编制规划：村庄规划、传统村落保护发展规划等 科学研究：数据收集、过程监测等 决策咨询：乡村振兴、产业发展等

续表

测绘类型	测绘成果	典型应用场景
全面测绘	正射投影图	建立档案：传统村落申报档案、数字博物馆等 编制规划：村庄规划、传统村落保护发展规划等 科学研究：数据收集、过程监测等 决策咨询：乡村振兴、产业发展等
	传统村落鸟瞰图	建立档案：传统村落申报档案、数字博物馆等 编制规划：村庄规划、传统村落保护发展规划等 科学研究：数据收集、过程监测等
	传统村落总体分布平面图	建立档案：传统村落申报档案、数字博物馆等 编制规划：村庄规划、传统村落保护发展规划等 科学研究：数据收集、过程监测等 决策咨询：乡村振兴、产业发展等
	村落选址与格局分析图	建立档案：传统村落申报档案、数字博物馆等 编制规划：村庄规划、传统村落保护发展规划等 决策咨询：乡村振兴、产业发展等
典型测绘	数字线划地形图	建立档案：传统村落申报档案、数字博物馆等 编制规划：村庄规划、传统村落保护发展规划等 科学研究：数据收集、过程监测等 决策咨询：乡村振兴、产业发展等
	正射投影图	建立档案：传统村落申报档案、数字博物馆等 编制规划：村庄规划、传统村落保护发展规划等 科学研究：数据收集、过程监测等 决策咨询：乡村振兴、产业发展等
	传统村落鸟瞰图	建立档案：传统村落申报档案、数字博物馆等 编制规划：村庄规划、传统村落保护发展规划等 科学研究：数据收集、过程监测等
简略测绘	正射投影图	建立档案：传统村落申报档案、数字博物馆等 编制规划：村庄规划、传统村落保护发展规划等 科学研究：数据收集、过程监测等 决策咨询：乡村振兴、产业发展等

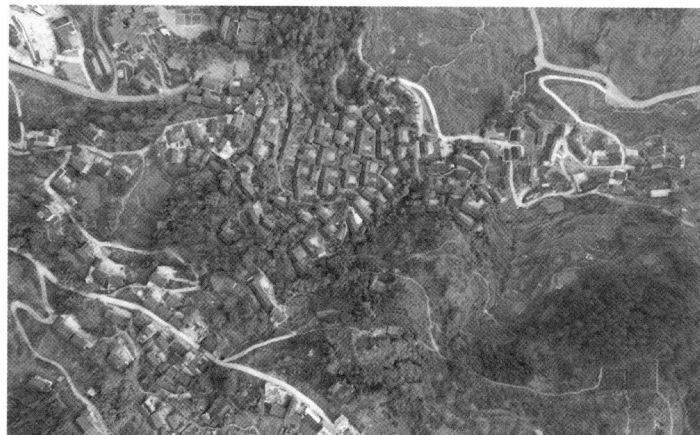

图7-3　楼上村村庄正射投影图

图 7-4　楼上村传统村落鸟瞰图

图 7-5　高桥村传统村落鸟瞰图

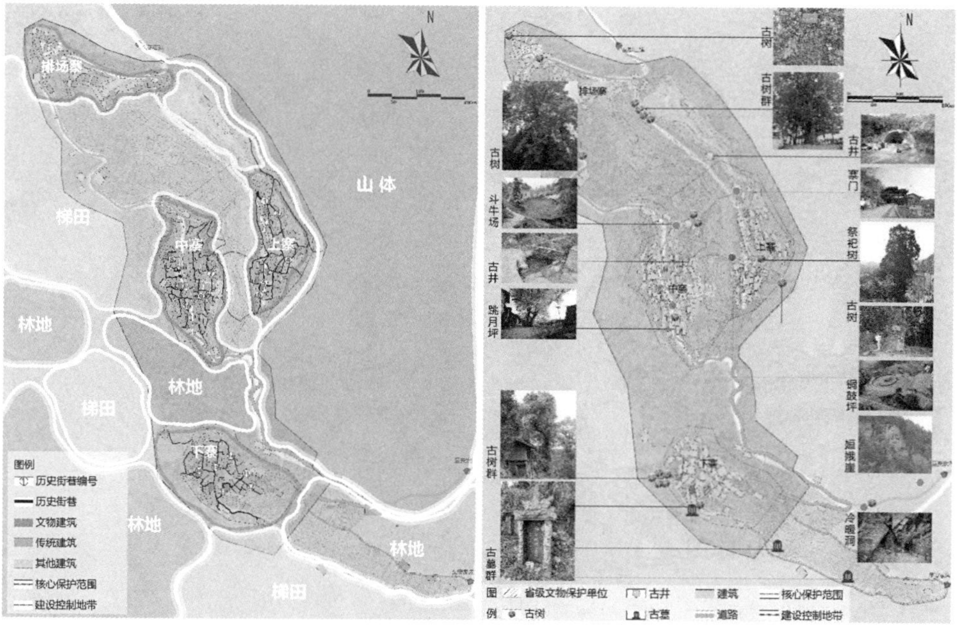

图7-6　怎雷村村落选址与格局分析图（左）、传统村落总体分布平面图（右）

7.2.3　技术要求

（1）低空数字航空摄影地形测量、正射投影测量、三维实景测量应符合《低空数字航空摄影测量内业规范》CH/T 3003—2021、《低空数字航空摄影测量外业规范》CH/T 3004—2021、《低空数字航空摄影规范》CH/T 3005—2021的规定。

（2）RTK地形测量应符合《全球定位系统实时动态测量（RTK）技术规范》CH/T 2009—2010的规定。

（3）进行航空正射影像数据采集时应垂直拍摄村落，无法正面拍摄全景时，应先正面拍摄部分影像，后期再拼接合成。

（4）数字正射影像图的影像质量、图廓整饰及数据存储等应符合《基础地理信息数字成果1∶5000　1∶10000　1∶25000　1∶50000　1∶100000数字正射影像图》CH/T 9009.3—2010的规定。

（5）数字栅格地图的分辨率、精度、色彩模式、数据存储等应符合《基础地理信息数字成果1∶5000　1∶10000　1∶25000　1∶50000　1∶100000数字栅格地图》CH/T 9009.4—2010的规定。

7.2.4　成果绘制要求

（1）传统村落鸟瞰图分为全局鸟瞰和局部鸟瞰两种，应多角度、多方向进行拍摄，通过静态图像表现村落美景以及环境风貌、传统建筑特色。

（2）传统村落鸟瞰图大小不宜超过10MB。图片尺寸宽度大于1000px且小于2000px，图片长宽比例为4∶3。

（3）应在不小于1∶5000的近期测绘地形图上，标示主要街巷、重要公共空间等要素，形成村落选址与格局分析图。

7.2.5 图纸电子文件要求

（1）图纸的图名命名格式应为"传统村落名称—图纸内容"。

（2）图签应包含测绘单位、测量人员、绘图人员、校对审定、图名、日期、图号和相关文字说明。

（3）测绘图比例及数据格式应满足以下要求（表7-4）：

村庄测绘成果要求 表7-4

图纸分类	图纸类型	绘图比例	数据格式
全面测绘	数字线划地形图	1∶500或1∶1000	DWG
	正射投影图	1∶2000	TIFF或JPG
	传统村落鸟瞰图		JPG
	传统村落总体分布平面图	1∶5000	DWG或SHP
	村落选址与格局分析图	1∶5000	DWG或SHP
典型测绘	数字线划地形图	1∶500或1∶1000	DWG
	正射投影图	1∶2000	TIFF或JPG
	传统村落鸟瞰图		JPG
简略测绘	正射投影图	1∶2000	TIFF或JPG

7.3 建筑测绘成果要求

7.3.1 目标与任务

建筑测绘是对传统村落核心保护范围内典型建筑物进行的现状记录，阐释其保存状况和周边环境情况。为传统建筑测绘图等提供基础数据。建筑测绘宜采用三维激光扫描、低空数字航空摄影、实时动态测量（RTK）、近景摄影测量、传统测记法等技术。建筑测绘要素包括建筑的代表性部位、典型构件及其空间位置关系，如建筑柱网、墙体、步架、门窗、屋脊等。

7.3.2 成果内容

建筑测绘主要成果包括传统建筑分布图，建筑总图，典型传统建筑平面图、立面图、剖面图，建筑构造详图等（图7-7、图7-8）。

建筑测绘包括全面测绘、典型测绘、简略测绘。不同测绘类型的典型成果应用可按表7-5确定。

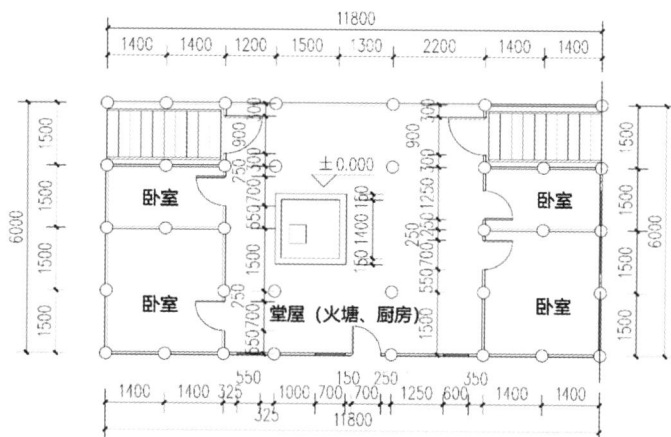

图7-7 怎雷村潘锦生宅二层平面测绘图

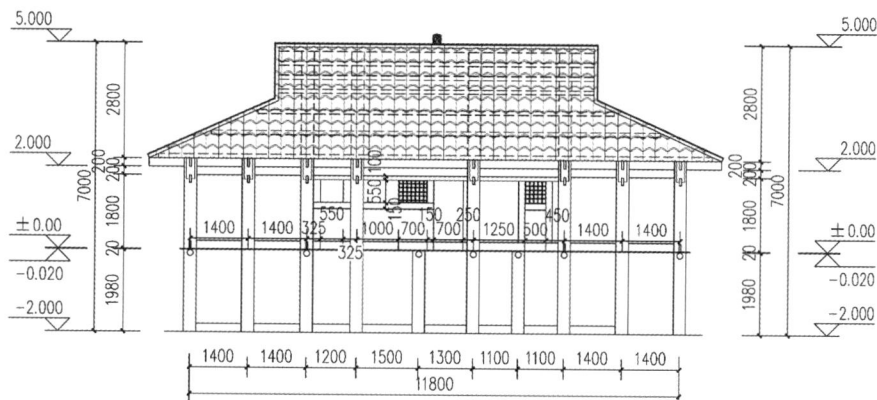

图7-8 怎雷村潘锦生宅正立面测绘图

建筑测绘成果的典型应用　　　　　　　　　　　　　　　表7-5

测绘类型	测绘成果	典型应用场景
全面测绘	传统建筑分布图	建立档案：传统村落申报档案、数字博物馆等 编制规划：村庄规划、传统村落保护发展规划等 修缮更新：传统建筑修缮、危房改造、建筑更新 科学研究：数据收集、过程监测等

续表

测绘类型	测绘成果	典型应用场景
全面测绘	建筑总图	建立档案：传统村落申报档案、数字博物馆等 编制规划：村庄规划、传统村落保护发展规划等 修缮更新：传统建筑修缮、危房改造、建筑更新 科学研究：数据收集、过程监测等
	典型传统建筑平面图、立面图、剖面图	建立档案：传统村落申报档案、数字博物馆等 编制规划：村庄规划、传统村落保护发展规划等 修缮更新：传统建筑修缮、危房改造、建筑更新 科学研究：数据收集、过程监测等
	建筑构造详图	建立档案：传统村落申报档案、数字博物馆等 修缮更新：传统建筑修缮、危房改造、建筑更新 科学研究：数据收集、过程监测等
典型测绘	建筑总图	建立档案：传统村落申报档案、数字博物馆等 编制规划：村庄规划、传统村落保护发展规划等 修缮更新：传统建筑修缮、危房改造、建筑更新 科学研究：数据收集、过程监测等
	典型传统建筑平面图、立面图、剖面图	建立档案：传统村落申报档案、数字博物馆等 编制规划：村庄规划、传统村落保护发展规划等 修缮更新：传统建筑修缮、危房改造、建筑更新 科学研究：数据收集、过程监测等
简略测绘	典型传统建筑平面图、立面图、剖面图	建立档案：传统村落申报档案、数字博物馆等 编制规划：村庄规划、传统村落保护发展规划等 修缮更新：传统建筑修缮、危房改造、建筑更新 科学研究：数据收集、过程监测等

7.3.3 技术要求

（1）建筑低空数字航空摄影测量应符合《工程测绘基本技术要求》GB/T 35641—2017、《低空数字航空摄影测量内业规范》CH/T 3003—2021、《低空数字航空摄影测量外业规范》CH/T 3004—2021、《低空数字航空摄影规范》CH/T 3005—2021 的规定。

（2）建筑近景摄影测量应符合《近景摄影测量规范》GB/T 12979—2024 的规定。

（3）建筑实时动态测量应符合《全球定位系统实时动态测量（RTK）技术规范》CH/T 2009—2010 的规定。

（4）文物建筑、历史建筑的测绘应符合《古建筑测绘规范》CH/T 6005—2018 的规定。

7.3.4 成果绘制要求

（1）应在比例尺不小于 1:2000 的近期测绘地形图上标示各传统建筑物与构筑物，形成传统建筑分布图。

（2）建筑总图应绘制建筑轮廓、周边建筑或构筑物、道路、广场、水域、山体、绿化等环境信息，标注建筑总尺寸，场地标高与建筑物的标高等。

（3）文物建筑、历史建筑、其他具有典型代表意义的优秀传统建构筑物，应测绘其周边环境及反映传统建筑地域民族特征的门、窗、栏杆、檐口、封檐板等构件。

（4）建筑测绘图的绘制还应符合现行国家标准《房屋建筑制图统一标准》GB/T 50001—2017、《建筑制图标准》GB/T 50104—2010、《总图制图标准》GB/T 50103—2010 的有关规定。

7.3.5　图纸电子文件要求

（1）图纸的图名命名格式应为"传统建筑名称—图纸内容"。

（2）图纸编号应满足下列编制要求：

①图纸目录编号为"传统建筑名称00–00"；

②平面从"传统建筑名称01–01"依次编号；

③立面从"传统建筑名称02–01"依次编号；

④剖面从"传统建筑名称03–01"依次编号；

⑤详图从"传统建筑名称04–01"依次编号；

（3）平面图应按总平面、各层平面、屋顶平面和仰视平面的顺序依次排列。

（4）图签应包含测绘单位、测量人员、绘图人员、校对审定、图名、日期、图号和相关文字说明。

（5）测绘图比例及数据格式应满足以下要求（表7–6）：

建筑测绘成果要求　　　　　　　　　　　　　　　　表 7–6

测绘类型	测绘成果	绘图比例	数据格式
全面测绘	传统建筑分布图	1：500 或 1：1000	DWG
	建筑总图	1：100 或 1：200	DWG
	典型传统建筑平面图、立面图、剖面图	1：100 或 1：200	DWG
	建筑构造详图	1：50、1：100	DWG
典型测绘	建筑总图	1：100 或 1：200	DWG
	典型传统建筑平面图、立面图、剖面图	1：100 或 1：200	DWG
简略测绘	典型传统建筑平面图、立面图、剖面图	1：100 或 1：200	DWG

7.4 历史环境要素测绘成果要求

7.4.1 目标与任务

历史环境要素测绘是对传统村落核心保护范围内典型历史环境要素进行的现状记录，阐释其保存状况和周边环境情况，为了解村落历史、文化内涵等提供基础数据。历史环境要素测绘宜采用低空数字航空摄影、实时动态测量（RTK）、近景摄影测量、传统测记法等技术。历史环境要素测绘包括塔桥亭阁，井泉沟渠，壕沟寨墙，堤坝涵洞，石阶铺地，码头驳岸，碑幢刻石，庭院园林，古树名木，传统产业遗存，历史上建造的用于生产、消防、防盗、防御的特殊设施等。

7.4.2 成果内容

历史环境要素测绘主要成果包括历史环境要素分布图、历史环境要素测绘图、历史环境要素三维实景模型等（图 7–9、图 7–10）。

历史环境要素测绘包括全面测绘、典型测绘、简略测绘。不同测绘类型的典型成果应用可按表 7–7 确定。

7.4.3 技术要求

（1）历史环境要素低空数字航空摄影测量应符合《工程测绘基本技术要求》GB/T 35641—2017、《低空数字航空摄影测量业内规范》CH/T 3003—2021、《低空数字航空

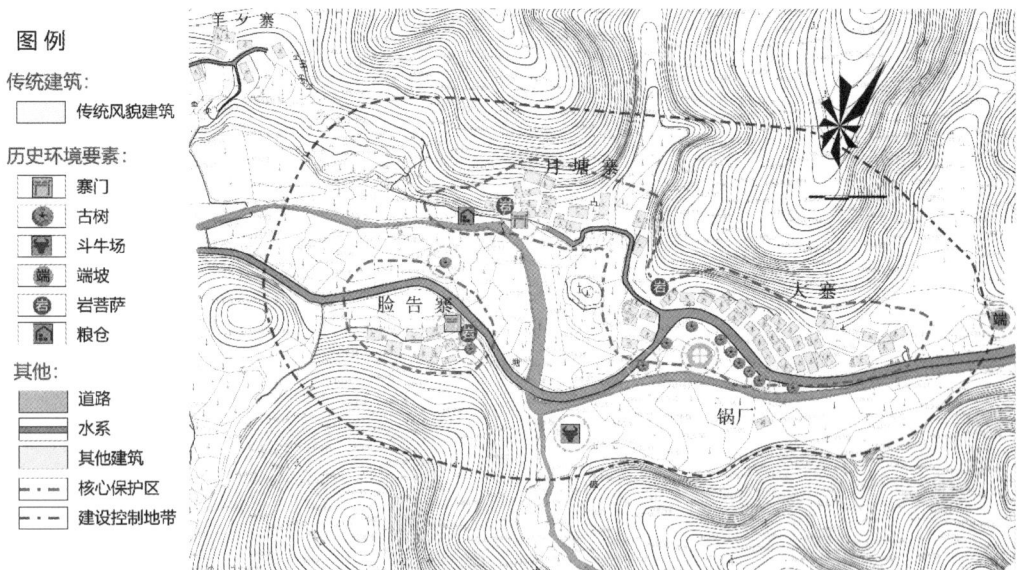

图 7–9 姑鲁寨历史环境要素分布图

图 7-10 历史环境要素三维实景模型

历史环境要素测绘成果的典型应用   表 7-7

测绘类型	测绘成果	典型应用场景
全面测绘	历史环境要素分布图	建立档案：传统村落申报档案、数字博物馆等 编制规划：村庄规划、传统村落保护发展规划等 科学研究：数据收集、过程监测等 修缮更新：历史环境要素修缮等
	历史环境要素测绘图	建立档案：传统村落申报档案、数字博物馆等 编制规划：村庄规划、传统村落保护发展规划等 科学研究：数据收集、过程监测等 修缮更新：历史环境要素修缮等
	历史环境要素三维实景模型	建立档案：传统村落申报档案、数字博物馆等 编制规划：村庄规划、传统村落保护发展规划等 科学研究：数据收集、过程监测等 修缮更新：历史环境要素修缮等
典型测绘	历史环境要素分布图	建立档案：传统村落申报档案、数字博物馆等 编制规划：村庄规划、传统村落保护发展规划等 科学研究：数据收集、过程监测等 修缮更新：历史环境要素修缮等
	历史环境要素测绘图	建立档案：传统村落申报档案、数字博物馆等 编制规划：村庄规划、传统村落保护发展规划等 科学研究：数据收集、过程监测等 修缮更新：历史环境要素修缮等
简略测绘	历史环境要素测绘图	建立档案：传统村落申报档案、数字博物馆等 编制规划：村庄规划、传统村落保护发展规划等 科学研究：数据收集、过程监测等 修缮更新：历史环境要素修缮等

摄影测量外内规范》CH/T 3004—2021、《低空数字航空摄影规范》CH/T 3005—2021的规定。

（2）历史环境要素近景摄影测量应符合《近景摄影测量规范》GB/T 12979—2024的规定。

（3）历史环境要素实时动态测量应符合《全球定位系统实时动态测量（RTK）技术规范》CH/T 2009—2010 的规定。

7.4.4　成果绘制要求

（1）应在不小于 1∶2000 的近期测绘地形图上标示各历史环境要素，形成历史环境要素分布图。

（2）对村落中极为重要的或标志性的历史环境要素进行测绘，测绘应能完整真实地反映现状历史环境要素的特征。

7.4.5　图纸电子文件要求

（1）图纸的图名命名格式应为"历史环境要素名称—图纸内容"。

（2）图签应包含测绘单位、测量人员、绘图人员、校对审定、图名、日期、图号和相关文字说明。

（3）测绘图比例及数据格式应满足以下要求（表 7-8）：

历史环境要素测绘成果要求　　　　　　　　　　　　　表 7-8

测绘类型	测绘成果	绘图比例	数据格式
全面测绘	历史环境要素分布图	1∶500 或 1∶1000	DWG
	历史环境要素测绘图	1∶50 或 1∶100	DWG
	历史环境要素三维实景模型		OSGB
典型测绘	历史环境要素分布图	1∶500 或 1∶1000	DWG
	历史环境要素测绘图	1∶50 或 1∶100	DWG
简略测绘	历史环境要素测绘图	1∶50 或 1∶100	DWG

【课后习题】

1. 传统聚落测绘成果主要有哪几个层次要求？

2. 区域层面的传统聚落测绘成果主要包含哪些内容？

3. 聚落层面的传统聚落测绘成果主要包含哪些内容？

4. 建筑层面的传统聚落测绘成果主要包含哪些内容？

5. 历史环境要素层面的传统聚落测绘成果主要包含哪些内容？

第 8 章
传统聚落测绘案例选编

【教学目的】本章为全书传统聚落测绘案例选编，通过本章学习测量学在传统聚落中的实际应用，通过案例学习与经验积累，了解传统聚落测绘整村图集，帮助学生做到理论与实际结合。

8.1　贵州省雷山县麻料村测绘案例

8.1.1　麻料村简介

麻料村位于贵州省雷山县西江镇东北部，距西江镇 10km，距雷山县城 30km，距西江千户苗寨 15km。村寨东靠九摆村，南邻控拜村，西北接乌高村，三个村寨素有"银匠之村"的美誉，三村相连且均为中国传统村落，麻料村 2013 年被列入第二批中国传统村落。麻料村自明朝开始世代以银饰加工为生，至今已有 400 余年历史，是远近闻名的"银匠村"。全村总面积 3.71 平方公里。寨内居民共 180 余户，740 多人，均为苗族，由先后迁移而来的李、潘、黄三姓家族组成。（图 8-1~图 8-4）

图 8-1　贵州省雷山县麻料村传统建筑

村寨以"中国银饰之乡""天下第一银匠村"而闻名,其银器锻制技艺百年来代代相传,在时光淬炼中不断精进升华,雕花、塑龙等惹人喜爱。

8.1.2 麻料村村域测绘成果

图 8-2 贵州省麻料村村域正射投影图

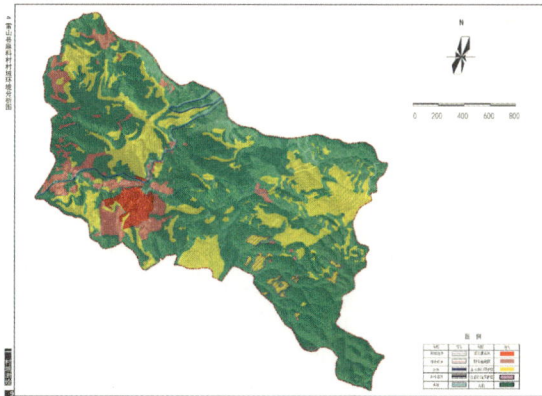

图 8-3 贵州省麻料村村域环境分析图

图 8-4 贵州省麻料村村域三维实景模型

8.1.3　麻料村村庄测绘成果（图8-5~图8-10）

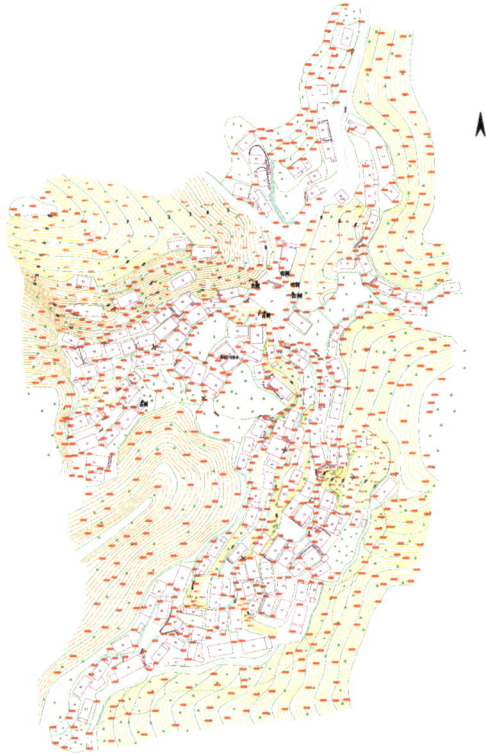

图8-5　贵州省麻料村村域1∶500数字线划地形图

图8-6　贵州省麻料村村庄正射投影图1

图8-7　贵州省麻料村村庄正射投影图 2

图8-8　贵州省麻料村传统村落鸟瞰图

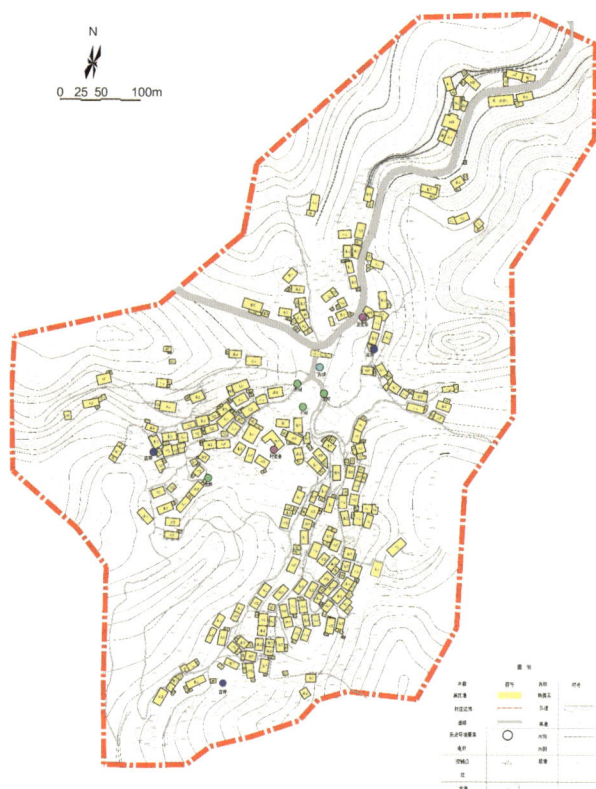

图 8-9 贵州省麻料村村落总体分布平面图

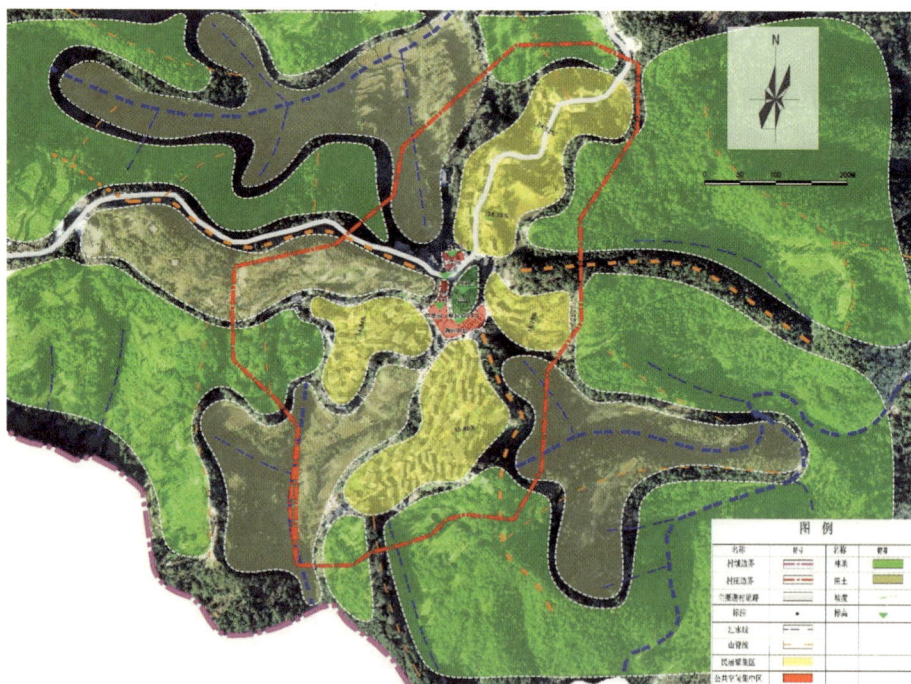

图 8-10 贵州省麻料村选址格局分析图

8.1.4 麻料村建筑测绘成果（图8-11）

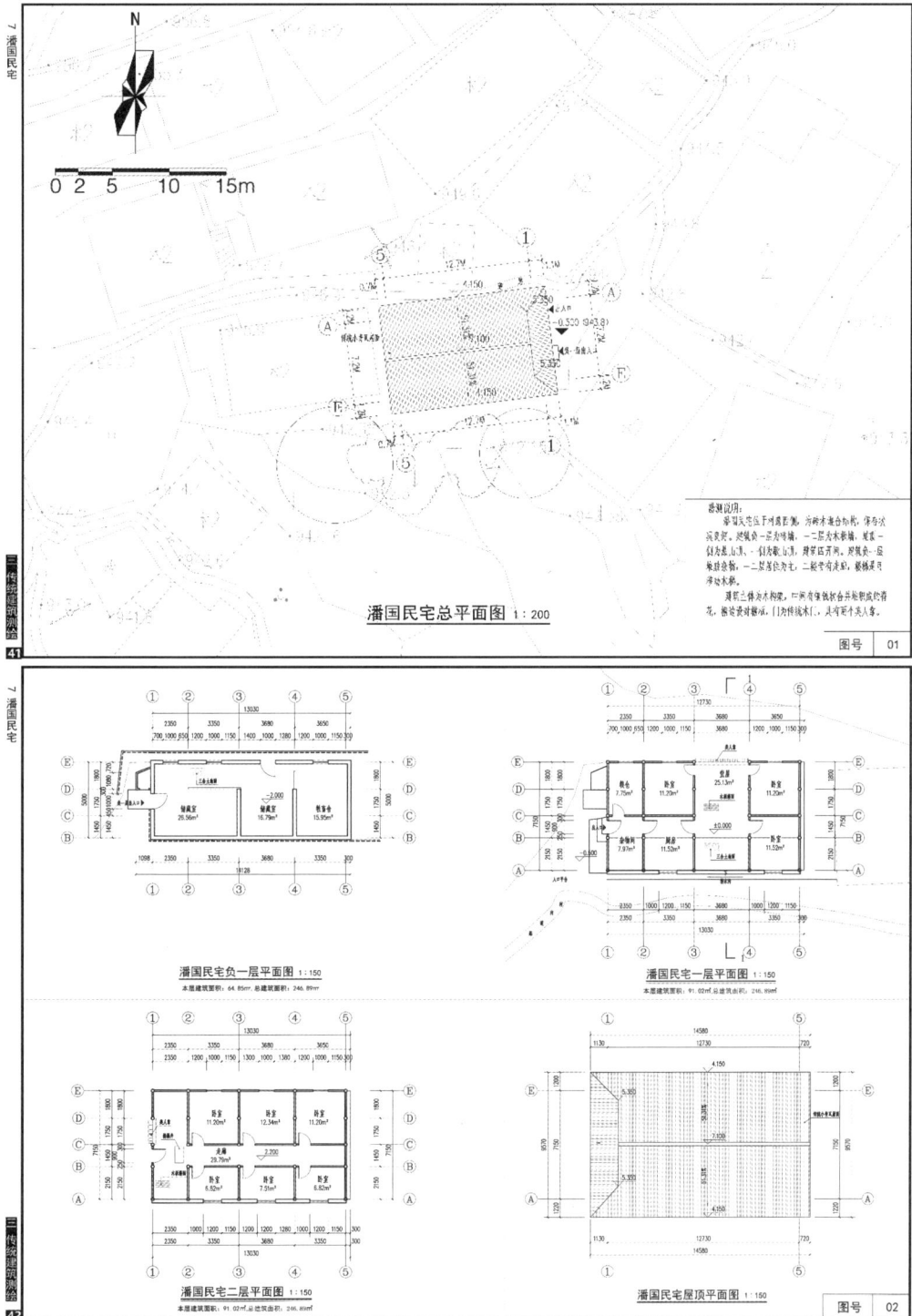

图 8-11 贵州省麻料村潘国民宅系列测绘图

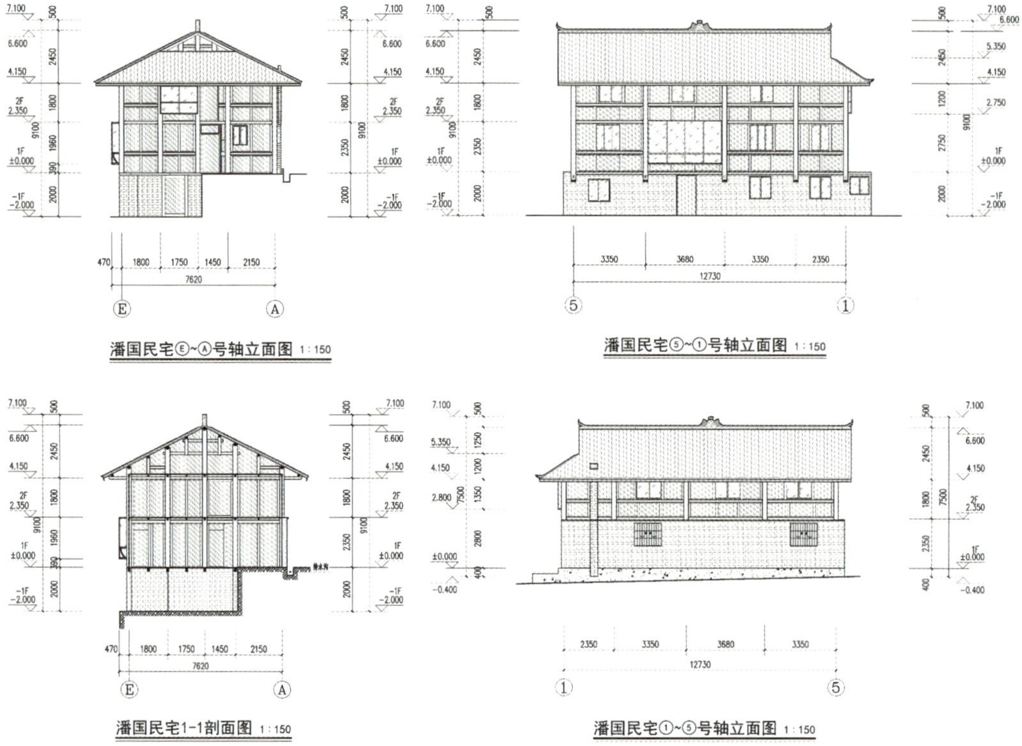

潘国民宅Ⓔ~Ⓐ号轴立面图 1:150

潘国民宅⑤~①号轴立面图 1:150

潘国民宅1-1剖面图 1:150

潘国民宅①~⑤号轴立面图 1:150

图8-11　贵州省麻料村潘国民宅系列测绘图（续）

8.1.5　麻料村历史环境要素测绘成果（图8-12~图8-14）

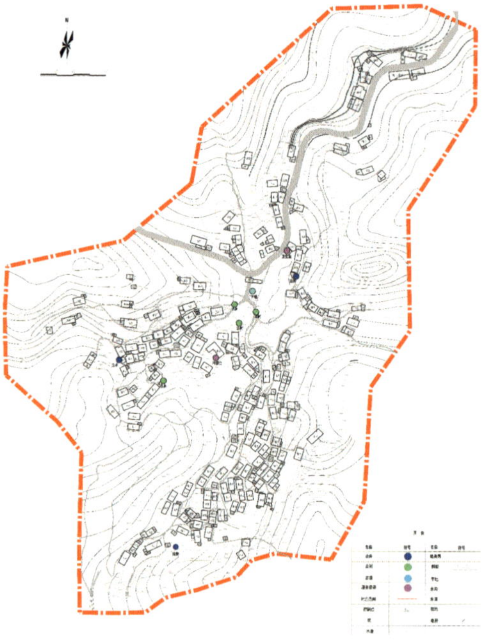

图8-12　贵州省麻料村历史环境要素分布图

饮水思源古井平面图 1:50

测绘说明：
　　该古井位于麻料村寨约的北铺，寨门村口处，古井大约于明代使用至今，古井已被修缮保护，现今还做为饮用水源之一服务村民。

饮水思源古井右立面图 1:50

饮水思源古井1-1剖面图 1:50

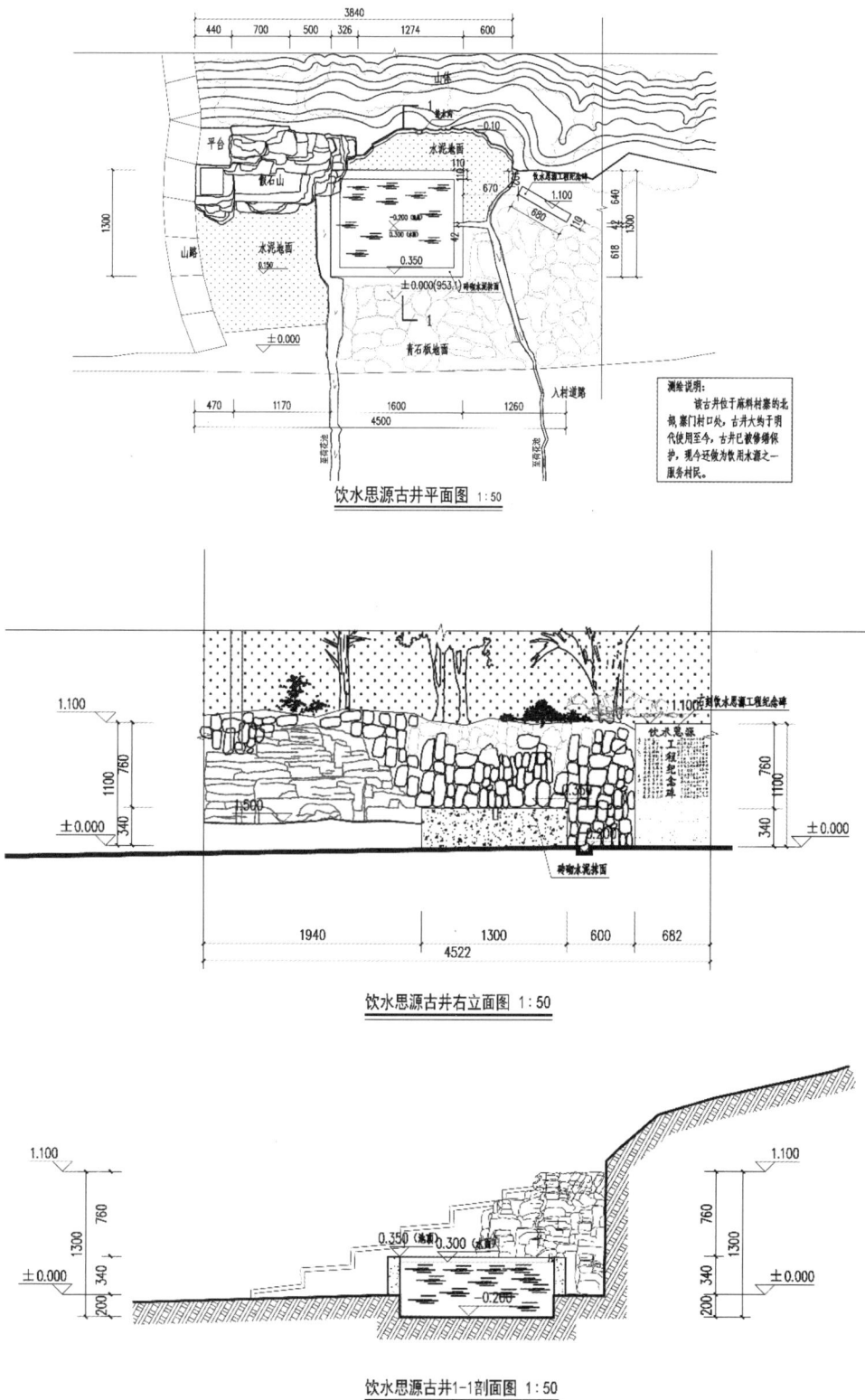

图8-13 贵州省麻料村饮水思源测绘图

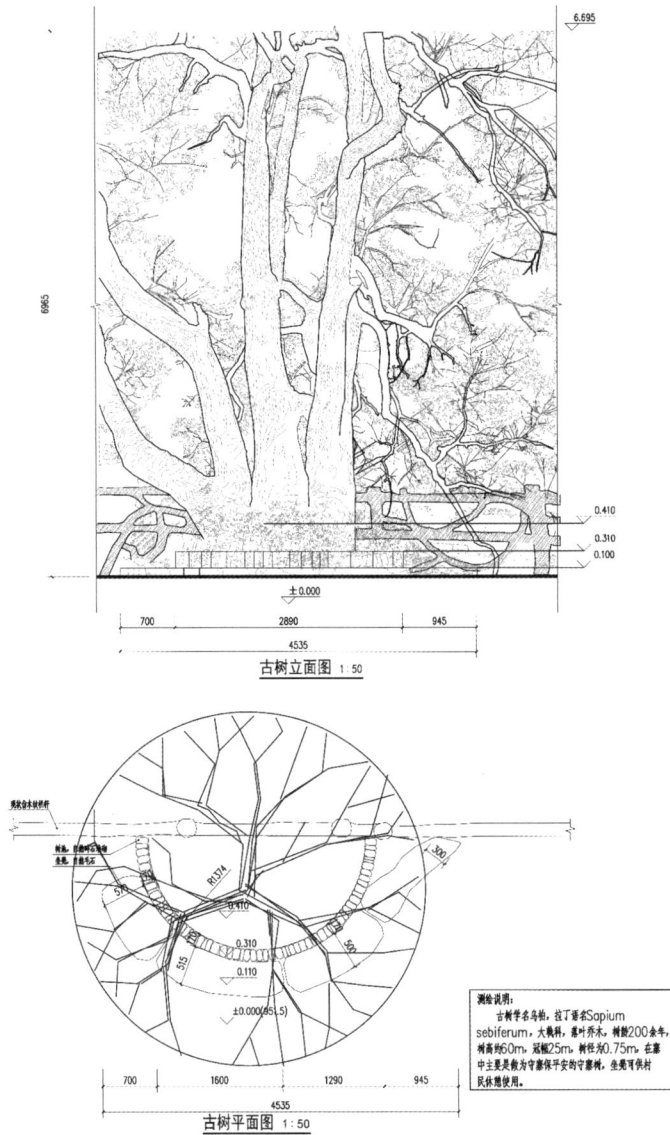

图 8-14 贵州省麻料村古树测绘图

8.2 贵州省贵阳市镇山村测绘案例

8.2.1 镇山村简介

镇山村是一座有着悠久历史的布依族古村寨，2012 年被列入第一批中国传统村落名录。镇山村位于贵阳市花溪区石板镇花溪水库中部的一个半岛上。东经 106°37′，北纬 26°27′，最高海拔 1195.88m，最低海拔 1128.87m。全村总面积 3.8km²。截至 2024 年，有村民 157 户，590 多人，居民多姓李、班两氏。

镇山村寨以屯墙为界，分为上、下两寨。围墙始建于明万历年间，清咸同年间补修。围墙依山势而建，东段和南段均以悬崖为屏而砌墙，全长超 70m，高约 4m，全用条石垒砌，至今保存完好。南北两面各建有石拱门，南拱门保持原状，是当年防卫的实物见证。

镇山村最独特的是石头建筑。400 多年来，村民们用当地盛产的石材将本村建成了一个独具特色的石头艺术的世界。寨中所有的民居全用石头砌成，屋顶以石板代瓦，墙面用石板镶嵌，院坝和全村所有通道均以方块石板铺成。村民们装水的水缸、喂猪的猪槽等用具都是特殊的石头艺术品（图 8-15）。

图 8-15　贵州省贵阳市镇山村传统村落鸟瞰图

8.2.2　镇山村村域测绘成果（图 8-16~图 8-22）

图 8-16　贵州省镇山村村域正射投影图

图 8-17 贵州省镇山村村域三维实景模型

8.2.3 镇山村村庄测绘成果

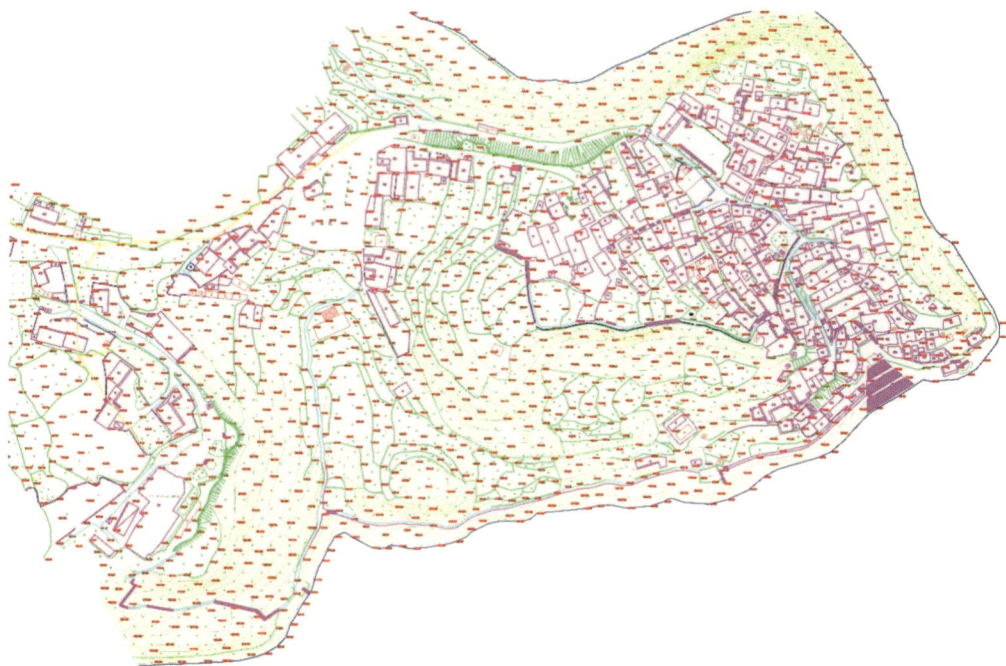

图 8-18 贵州省镇山村村域 1：500 数字线划地形图

图 8-19 贵州省镇山村村庄正射投影图

图 8-20   贵州省镇山村传统村落鸟瞰图

图 8-21   贵州省镇山村村落总体分布平面图

图 8-22   贵州省镇山村选址格局分析图

8.2.4 镇山村建筑测绘成果（图8-23）

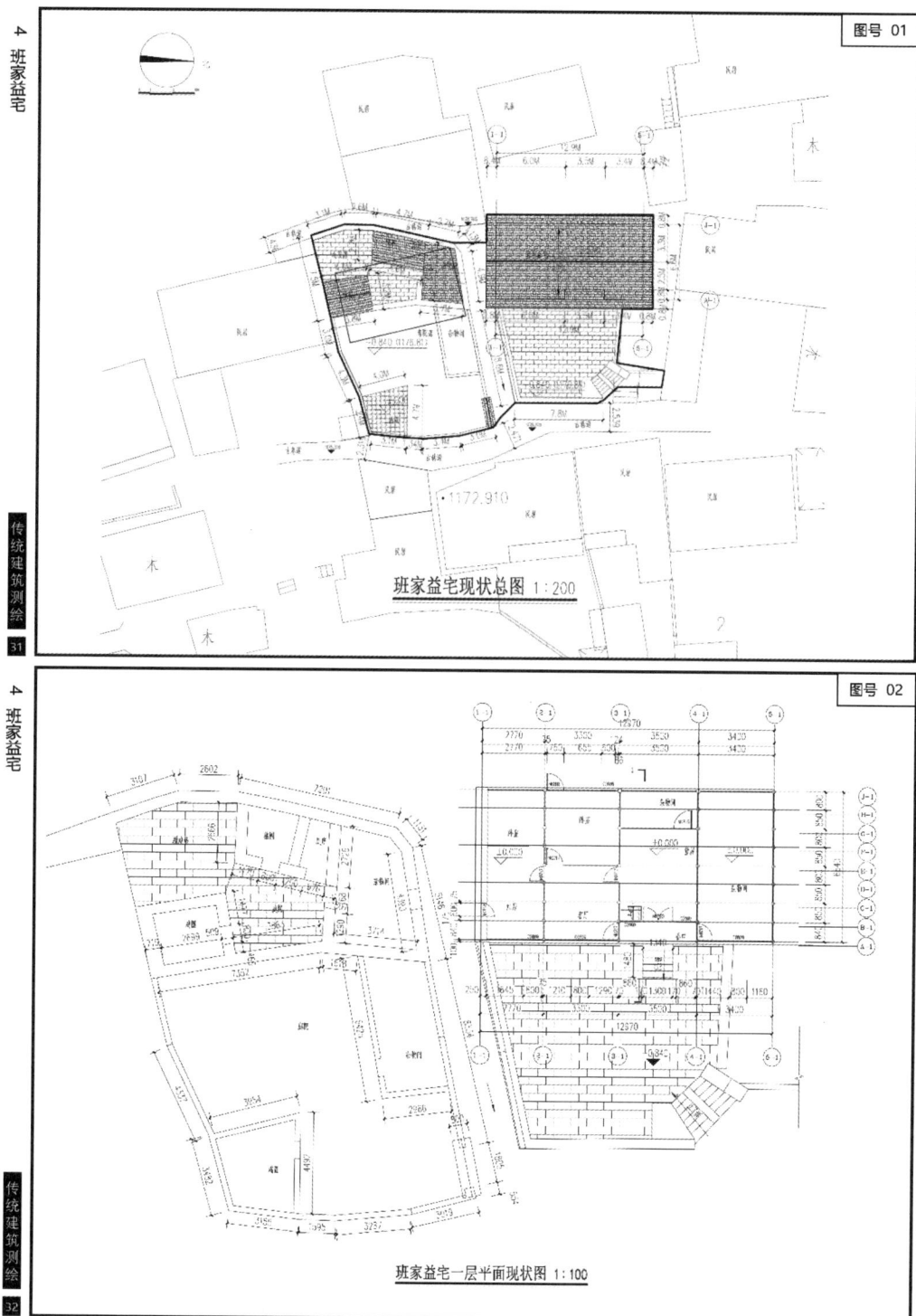

图 8-23 贵州省镇山村班家益民宅系列测绘图

图号 03

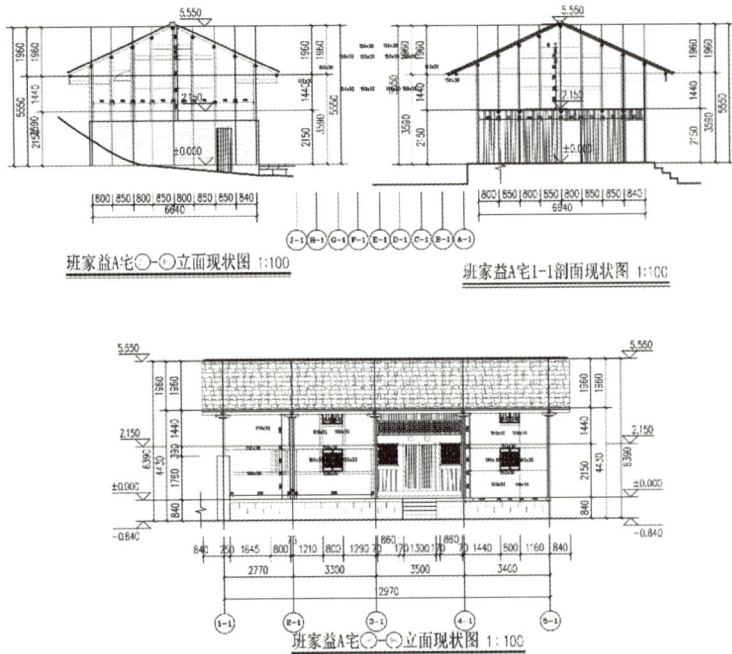

图 8-23　贵州省镇山村班家益民宅系列测绘图（续）

8.2.5　镇山村历史环境要素测绘成果（图 8-24~ 图 8-26）

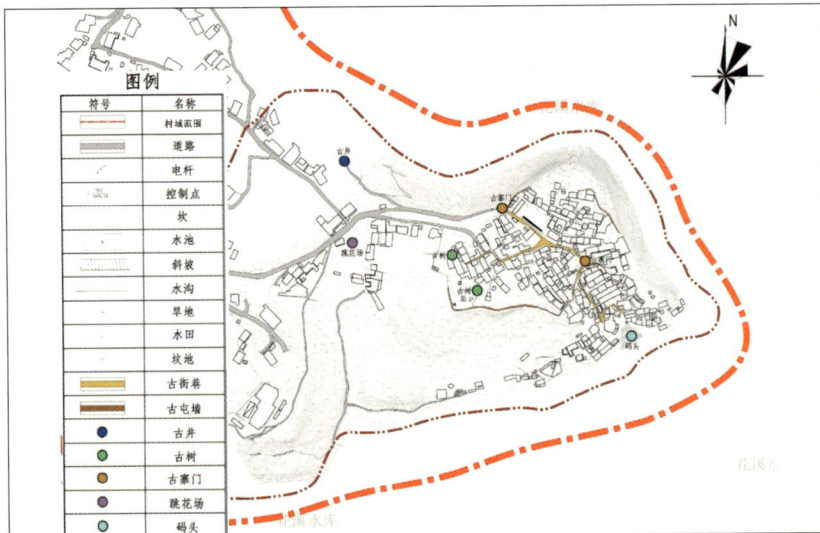

图 8-24　贵州省镇山村历史环境要素分布图

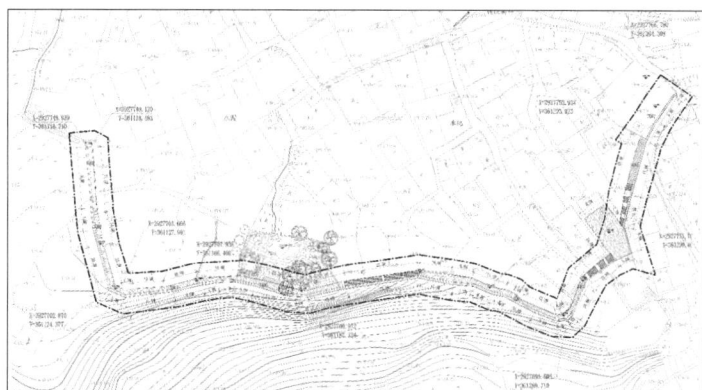

图 8-25 贵州省镇山村屯墙测绘总图

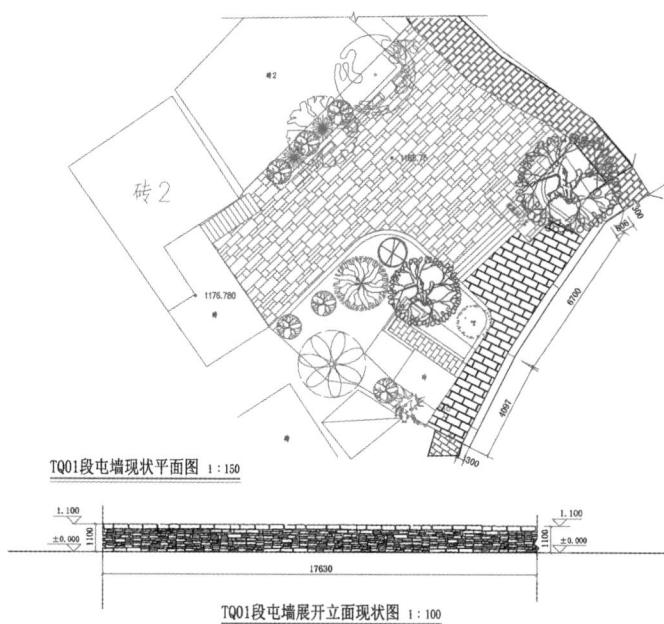

TQ01段屯墙现状平面图 1:150

TQ01段屯墙展开立面现状图 1:100

图 8-26 贵州省镇山村屯墙测绘大样图

8.3 贵州省榕江县大利村测绘案例

8.3.1 大利村简介

大利村位于贵州省黔东南苗族侗族自治州榕江县栽麻镇中部，处湘黔桂侗族边地"南侗"一隅，距贵阳约230km，距榕江县城约23km；大利以村寨为中心向四周辐射，东抵本乡宰南寨，西抵小利村，北邻高洞村，南连丰登村。村域面积58.5km²。大利村是一个典型的侗族聚居村落，村民均为侗族，世代以侗语作为日常交流语言。

2012 年入选中国第一批传统村落，2013 年列为全国重点文保单位。截至 2024 年，有人口总数 1340 多人，324 户，6 个村民小组。

　　大利村地处东径 108°38'17.4"，北纬 26°02'23.5"，海拔高度为 723m，位于贵州高原向广西盆地过渡的边缘地带，属多山谷地，森林茂密；寨周有古楠木林、古枫林、禾木林、松林、杉林，还有多片楠竹林；利洞溪从寨中穿过，多条小溪汇入利洞溪；处中亚热带、受东亚季风环流控制，气候温湿多雨；冬季平均气温为 1℃，夏季平均气温为 25℃，年降雨量 1500mm，无霜期 320 天左右；全村境内森林覆盖率达 85% 以上（图 8-27、图 8-28）。

图 8-27　贵州省榕江县大利村传统建筑 1

图 8-28　贵州省榕江县大利村传统建筑 2

8.3.2　大利村测绘成果（图 8-29~ 图 8-39）

图 8-29　贵州省大利村村域正射投影图

图 8-30 贵州省大利村村域三维实景模型

图 8-31 贵州省大利村传统村落鸟瞰图

图 8-32 贵州省大利村村庄鸟瞰图 1

图 8-33　贵州省大利村村庄鸟瞰图 2

图 8-34　贵州省大利村鼓楼前视图（左）、
右视图（右）

图 8-35　贵州省大利村鼓楼中部剖面图（左）、
后视图（右）

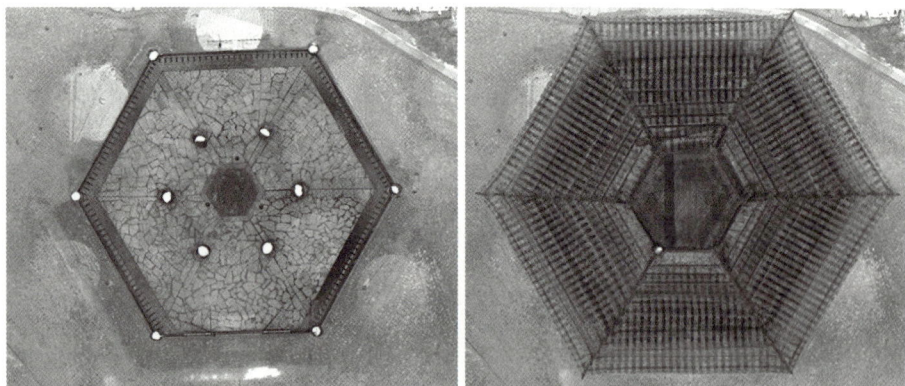

图 8-36　贵州省大利村鼓楼横剖面图（左）、俯视图（右）

图 8-37 贵州省大利村风雨桥左视图

图 8-38 贵州省大利村风雨桥俯视图

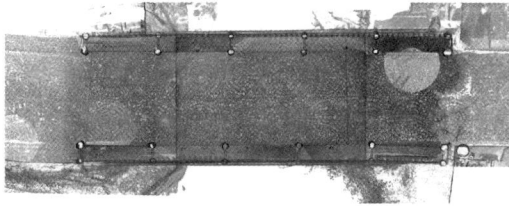

图 8-39 贵州省大利村风雨桥横剖图

附录　测绘相关技术规程

[1] 《无人机航摄安全作业基本要求》CH/Z 3001—2010

[2] 《无人机航摄系统技术要求》CH/Z 3002—2010

[3] 《低空数字航空摄影测量内业规范》CH/T 3003—2021

[4] 《低空数字航空摄影测量外业规范》CH/T 3004—2021

[5] 《低空数字航空摄影规范》CH/T 3005—2021

[6] 《数字测绘成果质量检查与验收》GB/T 18316—2008

[7] 《国家基本比例尺地形图分幅和编号》GB/T 13989—2012

[8] 《国家基本比例尺地图图式 第 1 部分：1∶500　1∶1000　1∶2000 地形图图式》GB/T 20257.1—2007

[9] 《基础地理信息数字成果 1∶500　1∶1000　1∶2000 数字高程模型》CH/T 9008.2—2010

[10] 《基础地理信息数字成果 1∶500　1∶1000　1∶2000 数字正射影像图》CH/T 9008.3—2010

[11] 《基础地理信息数字成果 1∶5000　1∶10000　1∶25000　1∶50000 1∶100000 数字正射影像图》CH/T 9009.3—2010

[12] 《基础地理信息数字成果 1∶5000　1∶10000　1∶25000　1∶50000 1∶100000 数字栅格地图》CH/T 9009.4—2010

[13] 《1∶500　1∶1000　1∶2000 地形图航空摄影测量内业规范》GB/T 7930—2008

[14] 《1∶500　1∶1000　1∶2000 地形图航空摄影测量外业规范》GB/T 7931—2008

[15] 《测绘技术设计规定》CH/T 1004—2005

[16] 《测绘技术总结编写规定》CH/T 1001—2005

[17] 《工程测量标准》GB 50026—2020

[18] 《工程测绘基本技术要求》GB/T 35641—2017

[19] 《全球定位系统实时动态测量（RTK）技术规范》CH/T 2009—2010

[20] 《近景摄影测量规范》GB/T 12979—2024

[21] 《古建筑测绘规范》CH/T 6005—2018

[22] 《三维地理信息模型生产规范》CH/T 9016—2012

[23] 《房屋建筑制图统一标准》GB/T 50001—2017

[24] 《建筑制图标准》GB/T 50104—2010

[25] 《总图制图标准》GB/T 50103—2010